ひとはなぜ戦争をするのか

アルバート・アインシュタイン
ジグムント・フロイト
浅見昇吾訳

講談社学術文庫

目次

ひとはなぜ戦争をするのか

フロイトへの手紙

アルバート・アインシュタイン

Letter to Sigmund Freud by Albert Einstein.

一九三二年七月三〇日　ポツダム近郊、カプートにて

フロイト様

あなたに手紙を差し上げ、私の選んだ大切な問題について議論できるのを、たいへん嬉しく思います。国際連盟の国際知的協力機関から提案があり、誰でも好きな方を選び、いまの文明でもっとも大切と思える問いについて意見を交換できることになりました。このようなまたとない機会に恵まれ、嬉しいかぎりです。

「人間を戦争というくびきから解き放つことはできるのか？」

これが私の選んだテーマです。

技術が大きく進歩し、戦争は私たち文明人の運命を決する問題となりました。このことは、いまでは知らない人がいません。問題を解決するために真剣な努力も傾けられています。ですが、いまだ解決策が見つかっていません。何とも驚くべきことです。

私の見るところ、専門家として戦争の問題に関わっている人すら自分たちの力で問題を解決できず、助けを求めているようです。彼らは心から望んでいるのです。学問に深く精通した人、人間の生活に通じている人から意見を聴きたい、と。

私自身は物理学者ですので、人間の感情や人間の想いの深みを覗くことには長《た》けておりません。したがってこの手紙においても、問題をはっきりとした形で提出し、解決のための下準備を整えることしかできません。それ以上のことはあなたにお任せしようと思います。人間の衝動に関する深い知識で、問題に新たな光をあてていただきたいと考えております。

なるほど、心理学に通じていない人でも、人間の心の中にこそ、戦争の問題の解決を阻《はば》むさまざまな障害があることは感じ取っています。が、その障害がどのように絡み合い、どのような方向に動いていくのかを捉《とら》えることはできません。あなたなら、この障害を取り除く方法を示唆できるのではないでしょうか。政治では手が届かない方法、人の心への教育という方法でアプローチすることもできるのではないでしょうか。

ナショナリズムに縁がない私のような人間から見れば、戦争の問題を解決する外的な枠組を整えるのは易しいように思えてしまいます。すべての国家が一致協力して、一つの機関を創りあげればよいのです。この機関に国家間の問題についての立法と司法の権限を与え、国際的な紛争が生じたときには、この機関に解決を委《ゆだ》ねるのです。個々の国に対しては、この機関の定めた法を守るように義務づけるのです。もし国と国のあいだに紛争が起きたときには、どんな争いであっても、必ずこの機関に解決を任せ、その決定に全面的にしたがうようにするのです。そして、この決定を実行に移すのに必要な措置を講ずるようにするのです。

ところが、ここですぐに最初の壁に突き当たります。裁判というものは人間が創りあげたものです。とすれば、周囲のものからもろもろの影響や圧力を受けざるを得ません。何かの決定を下しても、その決定を実際に押し通す力が備わっていなければ、法以外のものから大きな影響を受けてしまうのです。私たちは忘れないようにしなければなりません。法や権利と権力とは分かち難く結びついているのです！　司法機関には権力が必要なのです。権力――高く掲げる理想に敬意を払うように強いる力――、それを手にいれなければ、司法機関は自らの役割を果たせません。司法機関というものは社会や共同体の名で判決を下しながら、正義を理想的な形で実現しようとしているのです。共同体に権力がなければ、その正義を実現できるはずがないのです。

けれども現状では、このような国際的な機関を設立するのは困難です。判決に絶対的な権威があり、自らの決定を力尽くで押し通せる国際的な機関、その実現はまだまだおぼつかないものです。
そうだとしても、ここで一つのことが確認できます。国際的な平和を実現しようとすれば、各国が主権の一部を完全に放棄し、自らの活動に一定の枠をはめなければならない。他の方法では、国際的な平和は望めないのではないでしょうか。

さて、数世紀ものあいだ、国際平和を実現するために、数多くの人が真剣な努力を傾けてきました。しかし、その真摯な努力にもかかわらず、いまだに平和が訪れていません。とすれば、こう考えざるを得ません。人間の心自体に問題があるのだ。人間の心のなかに、平和への努力に抗《あらが》う種々の力が働いているのだ。

そうした悪《あ》しき力のなかには、誰もが知っているものもあります。第一に、権力欲。いつの時代でも、国家の指導的な地位にいる者たちは、自分たちの権限が制限されることに強く反対します。それだけではありません。

この権力欲を後押しするグループがいるのです。金銭的な利益を追求し、その活動を押し進めるために、権力にすり寄るグループです。戦争の折に武器を売り、大きな利益を得ようとする人たちが、その典型的な例でしょう。彼らは、戦争を自分たちに都合のよいチャンスとしか見ません。個人的な利益を増大させ、自分の力を増大させる絶好機としか見ないのです。社会的な配慮に欠け、どんなものを前にしても平然と自分の利益を追求しようとします。数は多くありませんが、強固な意志をもった人たちです。

このようなことがわかっても、それだけで戦争の問題を解き明かせるわけではありません。問題の糸口をつかんだにすぎず、新たな問題が浮かび上がってきます。

なぜ少数の人たちがおびただしい数の国民を動かし、彼らを自分たちの欲望の道具にすることができるのか？　戦争が起きれば一般の国民は苦しむだけなのに、なぜ彼らは少数の人間の欲望に手を貸すような真似をするのか？

（私は職業軍人たちも「一般の国民」の中に数え入れたいと思っています。軍人たちは国民の大切きわまりないものを守るために必死に戦っているのです。考えてみれば、攻撃が大切なものを守る最善の手段になることもあり得るのです）

即座に思い浮かぶ答えはこうでしょう。少数の権力者たちが学校やマスコミ、そして宗教的な組織すら手中に収め、その力を駆使することで大多数の国民の心を思うがままに操っている！

しかし、こう答えたところで、すべてが明らかになるわけではありません。すぐに新たな問題が突きつけられます。

国民の多くが学校やマスコミの手で煽《あお》り立てられ、自分の身を犠牲にしていく——このようなことがどうして起こり得るのだろうか？

答えは一つしか考えられません。人間には本能的な欲求が潜《ひそ》んでいる。憎悪に駆られ、相手を絶滅させようとする欲求が！

破壊への衝動は通常のときには心の奥深くに眠っています。特別な事件が起きたときにだけ、表に顔を出すのです。とはいえ、この衝動を呼び覚ますのはそれほど難しくはないと思われます。多くの人が破壊への衝動にたやすく身を委ねてしまうのではないでしょうか。

これこそ、戦争にまつわる複雑な問題の根底に潜む問題です。この問題が重要なのです。人間の衝動に精通している専門家の手を借り、問題を解き明かさねばならないのです。

ここで最後の問いが投げかけられることになります。

人間の心を特定の方向に導き、憎悪と破壊という心の病に冒されないようにすることはできるのか？

この点についてご注意申し上げておきたいことがあります。私は何も、いわゆる「教養のない人」の心を導けばそれでよいと主張しているのではありません。私の経験に照らしてみると、「教養のない人」よりも「知識人」と言われる人たちのほうが、暗示にかかりやすいと言えます。「知識人」こそ、大衆操作による暗示にかかり、致命的な行動に走りやすいのです。なぜでしょうか？彼らは現実を、生の現実を、自分の目と自分の耳で捉えないからです。紙の上の文字、それを頼りに複雑に練り上げられた現実を安直に捉えようとするのです。

最後にもう一言、つけくわえます。ここまで私は国家と国家の戦争、すなわち国際紛争についてだけ言及してきました。もちろん、人間の攻撃性はさまざまなところで、さまざまな姿であらわれるのを十分承知しております。例えば、内戦という形でも攻撃性があらわれるでしょう。事実、かつてはたくさんの宗教的な紛争がありました。現在でも、いろいろな社会的原因から数多くの内戦が勃発しています。また、少数民族が迫害されるときもあります。しかし、私はあえて国家間の戦争をこの手紙で主題といたしました。国家と国家の争い、残酷きわまりない争い、人間と人間の争いがもっとも露骨な形であらわれる争い――この問題に取り組むのが、一番の近道だと思ったのです。戦争を避けるにはどうすればよいのかを見いだすために！

あなたがいろいろな著作のなかで、この焦眉《しょうび》の問題に対してさまざまな答え（直接的な答えや間接的な答え）を呈示なさっているのは、十分知っております。しかしながら、あなたの最新の知見に照らして、世界の平和という問題に、あらためて集中的に取り組んでいただければ、これほど有り難いことはありません。あなたの言葉がきっかけになり、新しい実り豊かな行動が起こるに違いないのですから。

心からの友愛の念を込めて

アルバート・アインシュタイン

アインシュタインへの手紙

ジグムント・フロイト

Brief an Albert Einstein.
Sigmund Freud, *Gesammelte Werke, chronologisch geordnet*, Imago Publishing Co., Ltd., 1950.

一九三二年九月　ウィーンにて

アインシュタイン様

あなたが私と書簡を交わし、意見を交換したいという計画をお持ちだとうかがったとき、私は喜んでお話を引き受けたいと思いました。あなたがご自分の関心に合ったテーマを選ぶということもうかがっていました。また、あなただけでなく、ほかの多くの方にとって大切な事柄がテーマになるということでした。私は当初、こんなふうに思っていました。今日の知のフロンティアにあるような問題を、あなたは選ぶのではないか。そして私たちは物理学者と心理学者という別々の立場から問題にアプローチしていけばよいのではないか。それでも、最後には共通の土台にたどり着けるのではないか。

ですから、あなたが取り上げたテーマを聞いたとき、驚きを禁じ得ませんでした。

人間を戦争というくびきから解き放つために、いま何ができるのか?

本当に驚きました。このような問題に答えるのは、私の力の及ぶところではないと思ったのです。私ばかりか、あなたにも答えられないと言いたいくらいでした。これは実務的な問題であって、政治家が取り組むべきものではないか。そう考えたのです。

しかし、その後気がつきました。あなたは自然科学者や物理学者として問題を提起したのではない。人間を深く愛する一人の人間として、国際連盟の呼びかけに応え、この問題を投げかけたのだ、と。そこで、あなたを北極の探検家フリティヨフ・ナンセンに重ね合わせたくもなりました。ナンセンも、世界大戦の犠牲者、故郷を失い飢餓に苦しむ犠牲者たちに愛の手を差し伸べようとしていたのですから。

また、こうも気がつきました。実務的な提案を期待されているわけではない。心理学的な観点から見て戦争を防止するにはどうすればよいのか、それだけを述べればよいに違いない。

とはいえ、心理学的な観点から議論を展開しようとしても、あなたの手紙がすでに多くのことを述べてしまっています。言ってみれば、帆を掲げ船出をしようとしたのに、風を奪われてしまったような気分です。仕方ありません。あなたの進んだ跡をたどりながら、私の知っているかぎりのことで——というより私の推測できるかぎりのことで——あなたの意見を補っていくことにします。

権利《レヒト》と権力《マハト》の関係からあなたは議論をはじめました。私もここから考察をはじめるのがよいと思います。ですが、私としては「権力」という言葉ではなく、「暴力《ゲヴァルト》」というもっとむき出しで厳しい言葉を使いたいと考えます。

権利（法）と暴力、いまの人たちなら、この二つは正反対のもの、対立するものと見なすのではないでしょうか。けれども、権利と暴力は密接に結びついているのです。権利（法）からはすぐに暴力が出てきて、暴力からはすぐに権利（法）が出てくるのです。

では、原始の時代に遡《さかのぼ》り、両者がどのように結びついたのか眺めてみましょう。そうすれば問題に対する解決も容易に見いだせるのではないでしょうか。話を進める中で、すでに広く知られ、当然とされている事柄を新たな発見であるかのように語る箇所もあるかと思いますが、ご容赦ください。そのように議論を運ぶことで、話がスムーズに展開するのです。

人と人のあいだの利害の対立、これは基本的に暴力によって解決されるものです。動物たちはみなそうやって決着をつけています。人間も動物なのですから、やはり暴力で決着をつけます。ただ、人間の場合、意見の対立というものも生じます。しかも、きわめて抽象的なレベルで意見が衝突することさえあります。ですから、暴力以外の新たな解決策が求められてきます。とはいえ、それは社会が複雑になってからの話です。当初、人間が小さな集団を形作っていた頃は、腕力がすべてを決しました。物が誰に帰属するか。誰の言うことがまかり通るのか。すべては肉体の力によって決まったのです。

しかし程なく、文字通りの腕力だけでなく、武器が用いられるようになります。強力な武器を手にした者、武器を巧みに使用した者が勝利を収めるようになるのです。ということは、武器が登場したとき、すぐれた頭脳や才知がむき出しの腕力を凌駕しはじめたことになります。けれども、頭脳を使おうとも、戦争で目指されていたことは変わりません。戦いの相手を傷つけ、力を麻痺させ、何も要求できない状態に貶《おとし》めようとしたのです。

では、敵を徹底的に倒すには、どうすればよいでしょうか。暴力を使い、敵が二度と立ち向かってこられないようにすればよいはずです。そう、敵を殺せばよいのです。敵を殺害することには二つの利点があります。第一に、その敵と再びあいまみえる必要がなくなります。第二に、他の敵への見せしめになります。それだけではありません。敵を殺害すると、本能的な欲動が満足させられるのです（この点については、あとでもう一度立ち返りたいと思います）。

しかし敵を葬ろうとしたとき、新たな考えが浮かび、敵を殺すのをやめるかもしれません。恐怖心を徹底的に植えつけたうえで、敵を生かしておき、何かの労働に使おう！　暴力で敵を殺すのではなく、屈服させるだけで満足するようになるのです。これこそ、敵に情けをかけることのはじまりにほかなりません。とはいえ、敵を生かしておいた以上、敵がたえず復讐心をたぎらせていると考えざるを得ません。勝利者の身の安全はやや損なわれることになります。

ともあれ、はじめは、力の強い者が支配権を握りました。むき出しの暴力、さもなければ才知に裏打ちされた暴力が支配者を決めたのです。

ご存じのとおり、このようなあり方は、社会が発展していくにつれて少しずつ変わっていきました。暴力による支配から、法（権利《レヒト》）による支配へ変わっていったのです。

しかし、どのようにしてでしょうか？　答えは一つしか考えられません。多くの弱い人間が結集し、一人の権力者の強大な力に対抗したに違いありません。「団結は力なり！」団結の力で暴力が打ち砕かれたのです。この団結した人間の力が法（権利）としてあらわれ、一人の人間の暴力に対抗しました。法（権利）とは、連帯した人間たちの力、共同体の権力にほかならないのです。ただし、この力が暴力であることに変わりはありません。歯向かう人間がいれば、やはり暴力に訴えます。暴力を使って自らの意思を押し通し、自らの目的を追求していくのです。相違点はただ一つ。一人の人間の暴力ではなく、多数の人間の暴力が幅を利かすだけなのです。

しかし、暴力の支配から新しい法（権利）の支配へ移るにあたっては、人間の心のほうにも新たなものが芽生えていなければなりません。条件が満たされていなければならないのです。多数の人間たちの意見の一致と協力、それが安定したもので、長く続かなければならないのです。もし多くの人間の協力がつかの間のものにすぎず、一人の権力者を追い払ったあとには、団結心が失われたとしたらどうなるでしょう。何も成し遂げたことにはなりません。他の人間たちより自分の力が優《まさ》っている――そう考える新たな一人の人間が登場し、ふたたび暴力による独裁をはじめるでしょう。際限なくこのパワーゲームが繰り返されていくでしょう。

ですから、法や権利に支えられた共同体を持続的なものにしなければならないのです。いくつもの組織を創設し、社会を有機的なものにする。規則を作り、反乱が起きて社会を壊さないように先手を打つ。規則、つまり法律を守らせる。法にのっとった暴力を行使できる機関を定める――そうしなければならないのです。

共通の利益に支えられたこのような共同体を作ろう。多くの人がそう思うときには、人々のあいだに感情の結びつきが生まれていなければなりません。団結心です。この感情があるからこそ、共同体は強固な力を持てるのです。

これで、重要なことはすでに言い尽くした感があります。個人の粗暴な暴力が克服されるには、権力が多数の人間の集団へ移譲される必要がありますし、この人間集団を一つにつなぎとめるのは、メンバーのあいだに生まれる感情の絆、一体感なのです。以下に述べることは、この本質的な点を繰り返し、詳しく説明したにすぎません。

さて、社会が同じ強さの人間ばかりから成り立っているなら、問題はさして難しくありません。安全な共同生活を営めるようにするために、個々の人間の自由——自分の持てる力を他人への暴力として用いることができる自由——をどの程度まで制限すべきなのか。社会がそのことを掟《おきて》（法律）として定めてしまえば、それで問題は解決します。

けれども、個人と社会の掟のあいだにこのようなバランスの取れた状態が実現するなど、理論のなかの話にすぎません。現実の社会には、そもそものはじめから、バラバラな力を持った人間たちが住んでいます。男もいれば、女もいます。大人もいれば、子どももいます。戦争や征服が起きれば、勝者と敗者に分かれ、勝者と敗者は主人と奴隷という関係に変わっていきます。

こうなると、社会の法（権利）とは、現実の不平等な力関係を映し出すものになっていきます。法律は支配者たちによって作り出され、支配者に都合のよいものになっていくのです。支配されている人間たちの権利など、あまり考慮されないのです。

するど社会のなかには、法を揺るがす（と同時に法を発展させていく）二つの要素があることになります。一つは、支配者層のメンバーたちの動き。なおも残された制限を突き破り、「法による支配」から「暴力による支配」へ歴史を押し戻そうとします。もう一つは、抑圧された人間たちが絶えず繰り広げていく運動。自分たちの力を増大させ、それを法律のなかに反映させようとします。支配者たちと異なり、「不平等な法」を「万人に平等な法」に変革しようとするのです。

この第二の方向が強くあらわれるのは、社会のなかの力関係が変化していくようなとき、例えば、歴史の変革期です。このようなケースでは、法はしだいに新たな力関係に即したものになっていきます。しかし多くの場合、力関係の新たな動向を支配者たちは十分に汲み取ろうとしません。そのため、ともすれば反乱や内戦が起き、「法による支配」が一時的に消え去って、暴力がすべてを決する状態に逆戻りしてしまいます。とはいえ、最後には新たな法秩序が生み出されます（ちなみに、法のあり方を変えるもう一つの要素があります。社会のメンバーたちの文化です。文化が変われば、法のあり方が変わっていくのです。ただし、この変化は暴力を介さずに行われるもので、ここでの文脈には相応《ふさわ》しくありません。のちの文脈で取り上げるべきテーマです）。

このように、「法によって支配される」社会が一度できあがっても、利害の対立が起きれば、暴力が問題を解決するようになってしまうのです。これは避けがたいことです。しかし皆、同じ土地の上で共同生活を営んでいる以上、いつまでもむき出しの暴力の対立を放っておくこともできません。そのため、社会生活が成り立っているところでは、すみやかに問題を収拾しようとする傾向が強くなります。平和的な解決が実現する可能性が高くなるのです。

ところが、人類の歴史に目を向ければ、数限りない争いや対立が生じています。一つの社会と別の社会の対立、一つの社会と複数の社会の対立、大きな単位の集団と小さな単位の集団の対立、都市、地方、部族、民族、国家のあいだの対立です。これらの対立は、ほとんどの場合、戦争という力比べによって決着をみてきました。そしてどんな集団でも戦争に参加すれば、強奪か完全な服従のどちらかに行き着きました。戦争とは、一方の側が相手を征服することで終わるものなのです。けれども、征服戦争、侵略戦争のすべてを一括し、それに対して統一的な評価を下すような真似はできません。なるほど、モンゴル人やトルコ人の侵略戦争は災いしかもたらしていません。ですが、「暴力による支配」から「法による支配」への転換を促した戦争もあります。かつてよりも大きな政治的単位を作り上げ、その中では「暴力」を禁じ、法秩序の力で争いの決着をつけるようにしたのです。ローマ人の行った征服のことを考えてみてください。地中海の国々に見事な「ローマの平和《パックス・ロマーナ》」をもたらしたではないですか。フランスの国王たちの領土拡大欲を思い出してください。平和的に統一された国を生みだし、フランスという国を栄えさせたではないですか。

とすれば、逆説的に聞こえるかもしれませんが、こう認めねばならないことになります。人々が焦《こ》がれてやまない「永遠の平和」を達成するのに、戦争は決して不適切な手段ではないだろう、と。戦争は大きな単位の社会を生み出し、強大な中央集権的な権力を作り上げることができるのです。中央集権的な権力で暴力を管理させ、そのことで新たな戦争を二度と引き起こせないようにできるのです。

しかし、現実には、戦争は「永遠の平和」を実現させてはいません。なぜでしょうか？　征服によって勝ち得た状態は、長続きしないものだからです。暴力の力でさまざまな部分やさまざまな単位を強引に一つにまとめても、それをいつまでもつなぎ止めておくことができず、新たに作り出された大きな統一体も瓦解していくのです。そればかりではありません。どのような大がかりな征服であれ、これまでのところ世界全体を統一するものではありませんでした。いずれも部分的な統一にすぎず、新しくできあがった大きな単位同士が争うことになり、以前にも増して暴力によって決着をつけようという傾向が出てきたのです。その結果、どうなったでしょうか。おびただしい数の小さな戦争、というより絶え間なく繰り返されてきた小さな戦争は影をひそめ、巨大な戦争が起きるようになりました。以前ほど頻繁に戦火があがるわけではありませんが、ひとたび戦争が勃発すれば、その惨状はすさまじいものとなったのです。

これまで考察したことを踏まえて、現在の状況を眺めてみましょう。どのような結論が出てくるでしょうか。あなたが手紙の中で端的に主張したのと同じ結論が出てきます。戦争を確実に防ごうと思えば、皆が一致協力して強大な中央集権的な権力を作り上げ、何か利害の対立が起きたときにはこの権力に裁定を委ねるべきなのです。それしか道がないのです。

しかしこの道を進むには、二つの条件が満たされていなければなりません。現実にそのような機関が創設されること、これが一つ。自らの裁定を押し通すのに必要な力を持つこと、これが二つ目です。

どちらか一方の条件が満たされるだけでは、戦争を根絶させるのは難しいのではないでしょうか。

いま、多くの人は国際連盟こそ、そのような中央集権的な機関だと考えています。もしそうだとしても、もう一つの条件のほうは満たされているでしょうか？ 満たされていません。独自の権力、自分の意思を押し通す力を国際連盟は持っていないのです。否、国際連盟がそうした力を持てるのは一つの場合に限られるのです。個々の国々が自分たちの持つ権力を国際連盟に譲り渡すとき、そのときだけなのです。とはいえ、目下のところ、個々の国々が自分たちの主権を譲り渡す見込みはほとんどありません。

ですから、ともすれば国際連盟の存在意義に疑念を抱いてしまうことになります。何のために国際連盟が存在するのか、よくわからなくなってしまうのです。しかし、国際連盟がどのような実験なのか、よく知らなければなりません。この実験は人類の歴史上きわめて稀なものです。というより、これほどの大がかりな規模で試みられたことは、人類史上かつてなかった実験なのです。権威、「人に一定の事柄を強いることができるような影響力」――通常は権力を手にすることで得られる力――、それをある種の理想に訴えることで手に入れようとしているのです！

さて、先ほど、社会を一つにまとめるには、二つのものが必要だということを考察しました。暴力が一つ、メンバーの間の感情の結びつき――やや専門的な言葉を使えば、同一化ないし帰属意識――がもう一つのものでした。実は、このうちの一方が欠けても、もう一方の要素だけで社会を支えていくこともありうるのです。もちろん、感情の絆だけで社会をまとめていけるのは、一つの場合に限られます。社会のメンバーたちが感じる一体感（そしてこの一体感を表現する理想や理念）が、彼らが共通に抱《いだ》くものをうまく汲み取っている場合です。

とすれば、こう問わざるを得ません。そうした理想や理念がどれほどの力を持ちうるのか。歴史を振り返ればわかりますが、ある種の理念がかなりの影響を及ぼすことがありました。

例えば、汎《はん》ギリシアという理念を思い起こしてください。ギリシア人は皆、周囲の野蛮人《バーバリアン》より優れているという意識を抱いていました。隣保同盟《アンフィクティオニア》、神託、祝祭劇などにはっきりとあらわれているこの意識があったからこそ、ギリシア人同士の戦争が熾烈をきわめずに済んだのです。けれども、やはりギリシア民族内のさまざまな集団間の争いを根絶することはできませんでした。それどころか、汎ギリシアという理念があっても、ライバルを蹴落とすためなら、ギリシアの一都市あるいは都市連合がギリシアの天敵ペルシアと手を組むことすらあったのです。

また、ルネサンスにおけるキリスト教の理念を思い起こしてください。多くの人がキリスト者としての一体感というものをかなりつよく感じていました。それでも、大小のキリスト教の国々が互いに衝突すると、イスラム教の君主《スルタン》に助けを求めていました。

いまの時代に目を移しても、すべての人々やすべての国々を統一できる権威を持つ理念は見あたりません。今日、世界中の民族を支配しているのはナショナリズムという理念ですが、この理念はすべての国々を敵対させようとしています。なかには、共産主義《ボルシェヴィズム》の考え方が世界中にあまねく行きわたったときにはじめて戦争がこの世から消える、と予言する人間たちもいます。とはいえ、現状では、ボルシェヴィズムが世界の隅々にまで浸透するとは到底思えません。もし浸透するとしても、長く恐ろしい内戦の時を経なければならないはずです。したがって、むき出しの現実の力を理念の力におきかえるなど、いまでも無理なのです。失敗するのは必至です。法といっても、つきつめればむき出しの暴力にほかならず、「法による支配」を支えていこうとすれば、今日でも暴力が不可欠なのです。このことを考慮しなければ、大きな過ちを犯すことになります。

ここで、あなたの別の主張にコメントを加えることにしましょう。人間はなぜ、いとも簡単に戦争に駆り立てられるのか。あなたはこのことを不思議に思い、こう推測しました。人間の心自体に問題があるのではないか。人間には本能的な欲求が潜んでいるのではないか。憎悪に駆られ、相手を絶滅させようとする欲求が潜んでいるのではないか。

この点でも、私はあなたの意見に全面的に賛成いたします。そのような本能が人間にはある、と私は信じています。そして、憎悪への本能がどのようにあらわれるのかについて、近年、一生懸命に研究してきました。

ここで、精神分析の考える欲動の理論を少しご説明したいと思います。精神分析は暗中模索しながら、欲動理論を作り上げ、いまではこう考えるようになっています。

人間の欲動には二種類ある。一つは、保持し統一しようとする欲動。プラトンの『饗宴』に出てくる「愛《エロス》」の話になぞらえ、これをエロス的欲動と呼ぶことができる。場合によっては、性的欲動と呼んでもよい（当然、ここで言われている「エロス」は、一般に言われる「性《エロス》」という言葉よりも幅広いものを意味する）。もう一方の欲動は、破壊し殺害しようとする欲動。攻撃本能や破壊本能という言葉で捉えられているものである。

お気づきだとは思いますが、いま述べた二つの欲動は、あまねく知られている愛と憎しみという対立を理論的に昇華させたものにすぎません。考えてみれば、これらは、古くから知られる引力と斥力《せきりょく》という対立（物理学の領域に属する対立）の一つのあらわれかもしれません。

ただし、気をつけねばならないことがあります。ともすれば、こうした対立物の一方を「善」、他方を「悪」と決めつけがちなのですが、そう簡単に

「善」と「悪」を決めることはできないのです。どちらの欲動も人間にはなくてはならないものです。二つの欲動が互いを促進し合ったり、互いに対立し合ったりすることから、生命のさまざまな現象が生まれ出てくるのです。一方の欲動が他方の欲動と切り離され、単独で活動することなど、あり得ないように思えます。どちらの欲動にしても、ある程度はもう一方の欲動と結びついている（混ぜ合わされている）ものなのです。一方の欲動の矛先《ほこさき》がもう一方の欲動によって、ある程度変わってしまうこともあります。それどころか、一方の欲動が満たされるには、もう一方の欲動が必要不可欠な時すらあるのです。

例を挙げましょう。自分の身体や生命を保持したいという欲動は、間違いなくエロス的なものです。ですが、攻撃的なふるまいができなければ、自分を保持することなどできません。愛の欲動というものは何かの対象に向けられているものですが、その対象を手に入れようと思えば、目の前のものを力尽くで奪い取ろうとする欲動が必要になります。両者が結びついているもろもろの現象において、二つの欲動を分離するのがきわめて難しかったからこそ、二つの欲動の本性を見抜くことがなかなかできなかったのでした。

私の話にもう少しおつきあい願えるでしょうか。実は、人間の行動はさらに複雑なものなのです。エロスと破壊欲動が結びついてできあがったひとつの欲動によって行動が引き起こされることなど、きわめて稀なのです。ほとんどの場合、エロスと破壊欲動が結びついた欲動、それがいくつも合わさって、人間の行動が引き起こされるのです。このことには、一八世紀の物理学者ゲオルク・クリストフ・リヒテンベルクがすでに気づいていました。リヒテンベルクはゲッティンゲン大学で物理学を講じていましたが、物理学者としてよりも、心理学者として大きな業績を残したと言えるのではないでしょうか。彼の言葉を聞いてみましょう。

「人間を行動に駆り立てる動機を分類するのは、言ってみれば、風を三二方向に分類するようなものです。名前のつけ方にしても、風向きと同じような調子で行うことができます。生活の糧＝生活の糧＝名声や、名声＝名声＝生活の糧といった調子です」

こうしてリヒテンベルクは、人間の行動を引き起こす複雑な動機についての理論を打ち立てたのです。

すると、人間が戦争に駆り立てられるとしたら、さまざまなレベルの、数多くの動機が何らかの形で戦争に賛同していることになります。高貴な動機も卑賤な動機もあれば、公然と主張される動機も黙して語られない動機もありますが、多くの動機が戦争に応じようとしていることになるのです。人間を戦争に駆り立てる動機をここで列挙することはできないにしても、攻撃や破壊への欲望がその一つに数えられることは間違いありません。歴史の中にあらわれる無数の残虐な行為、日常生活に見られるおびただしい数の残虐な行為を見れば、人間の心にとてつもなく強い破壊欲動があることがわかります。

この破壊欲動に理想への欲動やエロス的なものへの欲動が結びつけば、当然、破壊欲動を満たしやすくなります。過去の残酷な行為を見ると、理想を求めるという動機は、残虐な欲望を満たすための口実にすぎないのではないかという印象を拭《ぬぐ》い切れません。また、異端審問の残虐さなどを目にすると、こう思われてきます。理想や理念を求めるという動機が意識の前面に出ているのは間違いないが、破壊欲動が無意識のレベルに存在し、それが理念的な動機を後押ししているのだ、と。どちらも十分ありうることです。

あなたのご興味が私たちの理論ではなく、戦争の防止にあるのは承知しております。ですが、いましばらく精神分析の欲動理論におつき合い願いたいと思います。これまで欲動理論に関心が向けられたとしても、欲動理論の重要さに見合うものだったとは言えないからです。

さまざまな思索をめぐらした末に、精神分析学者たちは一つの結論に達しました。破壊欲動はどのような生物の中にも働いており、生命を崩壊させ、生命のない物質に引き戻そうとします。エロス的欲動が「生への欲動」をあらわすのなら、破壊欲動は「死の欲動」と呼ぶことができます。「死の欲動」が外の対象に向けられると、「破壊欲動」になるのです。生命体は異質なものを外へ排除し、破壊することで自分を守っていきますが、破壊欲動の一部は生命体へ内面化されます。精神分析学者たちはこの破壊欲動の内面化から、たくさんの正常な現象と病理学的な現象を説明しようとしました。それだけではありません。冒瀆《ぼうとく》的に聞こえるかもしれませんが、精神分析学者の目から見れば、人間の良心すら攻撃性の内面化ということから生まれているはずなのです。

お気づきでしょう。このような攻撃性の内面化が強すぎれば、ゆゆしき問題となります。ですが、攻撃性が外部世界に向けられるなら、内面への攻撃が緩和され、生命体に良い影響を与えます。とすれば、どうなるでしょうか。私たちが反対してやまない人間の危険で醜悪な振る舞い、それを生物学的に正当化してしまうことになるのです。生物である以上、仕方がないという言い訳を与えてしまうのです。危険で醜悪な行為に抗うよりは、そのような攻撃的な行為に身を任せるほうが自然だと。こうなると、私たちが危険で醜悪な行為に対して不快感を覚えるのはなぜかを説明しなければならなくなるでしょう。

ここまでの私の話を聞いて、どういう印象を持たれるでしょうか。おそらく、精神分析は一種の神話、しかも陰鬱な神話にほかならないと思うのではないでしょうか。とはいえ、自然科学というものはすべて一種の神話にたどり着くのではないでしょうか。物理学はどうでしょう。今日ではやはり神話と化しているのではないでしょうか。

以上の議論から、どういう結論が出てくるでしょうか。当面のテーマとの関連で言えば、こういう結論です。

「人間から攻撃的な性質を取り除くなど、できそうにもない！」

なるほど、地球は広大で、自然が人間の望むものを十二分に与えてくれている場所があるとも言われます。そのような土地には、穏やかな生活を送る種族、強制や攻撃などとは縁のない種族が住んでいると言われます。しかし、そのような人間たちがいるとは、私にはやはり信じられないのです。もし本当にいるのでしたら、彼らについてぜひとも詳しく知りたいと思います。考えてみれば、共産主義者《ボルシェヴィキ》たちも、人間のさまざまな物質的な欲求を満足させて人間たちのあいだに平等を打ち立てれば、人間の攻撃的な性質など消えると予想していました。けれども、このようなことは幻想にすぎません。いま、ボルシェヴィキの人たちはどのような有様を呈しているでしょうか。実に入念な武装化をはかっています。そのうえ、ボルシェヴィズムを信奉しない人間への激しい敵意と憎悪こそ、彼らを一つに結びつける大きなものとなっているのです。

ともあれ、あなたもご指摘の通り、人間の攻撃性を完全に取り除くことが問題なのではありません。人間の攻撃性を戦争という形で発揮させなければよいのです。戦争とは別のはけ口を見つけてやればよいのです。

ですから、戦争を克服する間接的な方法が求められることになります。そして、精神分析の神話的な欲動理論から出発すれば、そのための公式を見つけるのは難しくはないのです。人間がすぐに戦火を交えてしまうのが破壊欲動のなせる業《わざ》だとしたら、その反対の欲動、つまりエロスを呼び覚ませばよいことになります。だから、人と人の間の感情と心の絆を作り上げるものは、すべて戦争を阻むはずなのです。

実は、この感情の絆には、二つの種類があります。一つは、愛するものへの絆のようなものです。ただし、絆の相手にむき出しの性的な欲望を向けている必要はありません。ここで「愛」を持ち出したわけですが、精神分析がそのことにやましさを感じることはありません。宗教でも言われているではないですか。汝、隣人を汝自身のごとく愛せよ！　素晴らしい言葉です。しかし、言うは易く行うは難しです。もう一つの感情の絆は、一体感や帰属意識によって生み出されます。人と人の間に大きな共通性や類似性があれば、感情レベルでの結びつきも得られるものなのです。こうした結びつきこそ、人間の社会を力強く支えるものなのです。

ところで、あなたは誤った権威の使い方についても言及しました。その批判に関連して、戦争への欲求を間接的に克服する二つ目のヒントを述べたいと思います。

人間は、指導者と従属する者に分かれます。生まれつき備わっている性質からして、人間というものはこの二つのグループに分かれるものであり、これはいたしかたないことです。どれほど、この差をなくそうとしても、それは無理なことです。圧倒的大多数は、指導者に従う側の人間です。彼らには、決定を下してくれる指導者が必要なのです。そうした指導者に彼らはほとんどの場合、全面的に従います。

ここで一つ指摘しておかなければならないことがあります。優れた指導層をつくるための努力をこれまで以上に重ねていかねばならないのです。自分の力で考え、威嚇《いかく》にもひるまず、真実を求めて格闘する人間、自立できない人間を導く人間、そうした人たちを教育するために、多大な努力を払わねばなりません。言うまでもないことでしょうが、政治家が力尽くで国民を支配したり、教会が国民に自分の力で考えることを禁止したりすれば、優れた指導層が育つはずがありません。

では、どのような状況が理想的なのでしょうか。当然、人間が自分の欲動をあますところなく理性のコントロール下に置く状況です。このような状態にたどり着けば、感情の絆は消えるかもしれませんが、人間の社会はいつまでも完全な一体化を見せるに違いありません。しかし、このようなことが可能なのでしょうか。夢想的《ユートピア》な希望にすぎないとしか思えません。

戦争を防止する他の方法は間接的なものとはいえ、ずっと現実的で人間が実際に歩み得るものです。ただし、すぐに戦争を根絶させることができるとは思えません。そのことを考えると、悲しい比喩が思い浮かんできてしまいます。ゆっくりと回る製粉機――小麦粉ができる前に人が飢えて命を落としてしまうような製粉機――が浮かんできてしまうのです。

おわかりでしょう。現実の緊急の課題を解決しようとするときに、世俗に疎《うと》い理論家に相談してみても、あまり多くのことは得られないのです。個々の具体的なケースにおいては、理論家に相談するよりも、手元にあってすぐに使える方法で対処するほうが望ましいのではないでしょうか。

ですが、ここで私のほうから一つ問題を提起させてください。

私たち（平和主義者）はなぜ戦争に強い憤《いきどお》りを覚えるのか？　あなたも私も、そして多くの人間が人生の数多くの苦難を甘んじて受け入れているのに、戦争だけは受け入れようとしないのはなぜなのか？　あなたの手紙のなかでは言及されていませんでしたが、私が強い関心を寄せている問題です。

不思議ではないでしょうか。戦争は自然世界の掟に即しており、生物学的なレベルでは健全であり、現実には避けがたいものなのですから！

どうか私の問いかけに驚かないでください。何かを理論的に考察するためには、（現実の生活とは違い）物事を高みから眺めるような超然とした態度をとることも必要でしょう。

私の問いに対してすぐ思い浮かぶ答えは、次のようなものでしょう。

なぜなら、どのような人間でも自分の生命を守る権利を持っているから。

なぜなら、戦争は一人の人間の希望に満ちた人生を打ち砕くから。

なぜなら、戦争は人間の尊厳を失わせるから。

なぜなら、戦争は望んでもいない人の手を血で汚すから。

なぜなら、戦争は人間が苦労して築き上げてきた貴重なもの、貴重な成果を台無しにするから。

それだけではありません。いま戦争に勝利しても、かつてのように英雄になれるわけではないのです。破壊兵器がこれほどの発達を見た以上、これからの戦争では、当事者のどちらかが完全に地球上から姿を消すことになるのです。

場合によっては、双方がこの世から消えてしまうかもしれません。

いま述べたことに異議を唱える人はいないと思われます。つまり、戦争に対して人間が皆反対の声を挙げてしかるべきなのです。もし戦争に反対しない人がいたら、そのことのほうが不思議なのかもしれません。

もちろん、先ほど挙げた事柄の一つ一つに疑問を投げかけることもできるでしょう。社会のほうは、そのメンバーである個々の人間の命に対する権利を持っていないのか。どのような種類の戦争でも、戦争というだけで一括して断罪してよいのか。自分以外の国を平然と踏みにじって地上から消し去ろうとする帝国や民族がある以上、やはり戦争の準備は怠れないのではないか。

このような議論の一つ一つに立ち入ると、あなたが問題にしたかった直接のテーマから離れてしまいます。そのため、ここでは深入りせず、議論を先に進めましょう。

私たちが戦争に憤りを覚えるのはなぜか。私の考えるところでは、心と体が反対せざるを得ないからです。私たち平和主義者は体と心の奥底から戦争への憤りを覚えるのです。そうした平和主義者の立場を正当化するのは難しくないように思われます。

とはいえ、何の説明も加えないのでは、私の考えていることがよく理解できないと思います。そこで、私の考えを少し説明することにしましょう。

はるかなる昔から、文化が人類の中に発達し広まっていきました（文化という言葉よりも文明という言葉を好む人もいます）。人間の内にある最善のものは、すべて文化の発展があったからこそ、身につけることのできたものなのです。優れたものばかりではありません。人間を悩ますものも、その多くが文化の発展から生まれたものなのです。文化の発展を引き起こしたものは何か。はじまりはどのような様子で、結末はどのようになるか。そうしたことはわかりません。しかし、文化の発展の幾つかの特徴は、すぐに見て取れます。

例えば、文化が発展していくと、人類が消滅する危険性があります。なぜなら、文化の発展のために、人間の性的な機能がさまざまな形で損なわれてきているからです。今日ですら、文化の洗礼を受けていない人種、文化の発展に取り残された社会階層の人たちが急激に人口を増加させているのに対し、文化を発展させた人々は子どもを産まなくなってきています。こうした文化の発展はある種の動物の家畜化に喩えられるかもしれません。文化が発展していけば、肉体レベルでの変化が引き起こされると思われるのです。文化の発展がそうした肉体レベル、有機体レベルでの変化を生じさせるだろうことに、ほとんどの人は気づいていないようですが……。

それに対して、文化の発展が人間の心のあり方に変化を引き起こすことは明らかで、誰もがすぐに気づくところです。では、どのような変化が起きたのでしょうか。ストレートな本能的な欲望に導かれることが少なくなり、本能的な欲望の度合いが弱まってきました。私たちの祖先なら強く興奮を覚えたもの、心地よかったものも、いまの時代の人間には興味を引かないもの、耐え難いものになってしまっています。

このように、私たちが追い求めるもの——例えば、道徳や美意識にまつわるもの——が変化してきたわけですが、この変化を引き起こしたものは究極的には心と体の全体の変化なのです。心理学的な側面から眺めてみた場合、文化が生み出すもっとも顕著な現象は二つです。一つは、知性を強めること。力が増した知性は欲動をコントロールしはじめます。二つ目は、攻撃本能を内に向けること。好都合な面も危険な面も含め、攻撃欲動が内に向かっていくのです。

文化の発展が人間に押しつけたこうした心のあり方——これほど、戦争というものと対立するものはほかにありません。だからこそ、私たちは戦争に憤りを覚え、戦争に我慢がならないのではないでしょうか。戦争への拒絶は、単なる知性レベルでの拒否、単なる感情レベルでの拒否ではないと思われるのです。少なくとも平和主義者なら、拒絶反応は体と心の奥底からわき上がってくるはずなのです。戦争への拒絶、それは平和主義者の体と心の奥底にあるものが激しい形で外にあらわれたものなのです。

私はこう考えます。このような意識のあり方が戦争の残虐さそのものに劣らぬほど、戦争への嫌悪感を生み出す原因となっている、と。

では、すべての人間が平和主義者になるまで、あとどれくらいの時間がかかるのでしょうか？　この問いに明確な答えを与えることはできません。けれども、文化の発展が生み出した心のあり方と、将来の戦争がもたらすとてつもない惨禍への不安——この二つのものが近い将来、戦争をなくす方向に人間を動かしていくと期待できるのではないでしょうか。これは夢想《ユートピア》的な希望ではないと思います。どのような道を経て、あるいはどのような回り道を経て、戦争が消えていくのか。それを推測することはできません。しかし、いまの私たちにもこう言うことは許されていると思うのです。

文化の発展を促せば、戦争の終焉へ向けて歩み出すことができる！

最後に心からのご挨拶を申し上げます。私の手紙が描く、あなたを失望させたようでしたら、お赦しください。

ジグムント・フロイト

訳者あとがき――ナチズムの嵐に消えた世紀の戦争論

アインシュタインとフロイトの往復書簡――こう聞いただけで、大きな驚きを覚えるのではないだろうか。

二〇世紀を代表する物理学者と心理学者が、書簡を交わしていたというのである。そのようなものが存在していたこと自体に、驚きを禁じ得ないのではないだろうか。しかも、テーマがすごい。「ひとはなぜ戦争をするのか?」、このテーマをめぐって議論が戦わされたのである。

発端は、一九三二年に国際連盟からアインシュタインへなされた依頼である。

――今の文明でもっとも大事だと思われる事柄を取り上げ、一番意見を交換したい相手と書簡を交わしてください。

アインシュタインが取り上げたテーマは「ひとはなぜ戦争をするのか?」

議論の相手に選んだのは、人の心の専門家フロイト。

こうして、世紀の戦争論が生まれた。

誰でも興味をそそられるであろう。「世界最高の天才」と呼ばれた物理学者にして思想家のアインシュタインが、何を語っているのか。人間の心の闇まで知り抜いたフロイトが、現実の世界の闇である戦争をどう捉えているのか。戦争は避けられないと主張しているのだろうか？　心に闇があっても、いずれ人間は戦争をなくしていくことができると言っているのだろうか？　興味はつきない。

だが、何よりも驚くのは、この世紀の戦争論が今まで埋もれていたことであろう。なぜだろうか？　ナチズムの嵐の中に消えていったからである。

書簡が交わされた翌年、ナチス政権が生まれ、ユダヤ人たちを追いつめていく。アインシュタインもフロイトもともにユダヤの血を引いていたため、ナチスの魔の手が伸びる。

アインシュタインは武器隠匿《いんとく》の容疑で家宅捜索を受ける。暗殺の脅威すら感じ、ついにはアメリカへ亡命する。

フロイトも困難な状況に直面する。ヒトラーが政権を握り、精神分析関係の書物が禁書となってしまう。ナチスがオーストリアに侵攻した折には、「国際精神分析出版所」が接収されてしまう。そして、フロイトもナチスの家宅捜索を受け、亡命を決意し、ロンドンへ赴く。

このような嵐の中に二人の戦争論は消えていったのである。なるほど、往復書簡は公刊された。だが、ナチズムの激しい嵐の中であえて手にとる人間がどれだけいただろうか！

世紀の戦争論はナチズムに握りつぶされた、と言っても過言ではない。

その後、この戦争論は激動の中で忘れ去られていった。

もちろん、アインシュタインやフロイトの膨大な資料集を覗けば、それぞれの手紙が収録されているだろう。しかし、二人の議論が往復書簡として公刊されることは、ほとんどなかった。少なくとも、日本ではこれまで出版されていない。新たな世紀の歴史を歩みはじめる今、二〇世紀の巨人の手になるこの戦争論が日の目を見たことには、大きな意味があるだろう。

二一世紀、人間は戦争をなくすことができるのだろうか。否、戦争をなくすように努力しなければならない。本書を読めば、このような気持ちに駆られるに違いない。二〇世紀は「戦争の世紀」「殺戮の世紀」だった。あまたの戦火があがり、かつてなら想像もできなかった数の人間が命を落としていった。二〇世紀を終え、二一世紀を生きようとしている今、二人の戦争論を読み、二〇世紀の英知を手に、新たな歩みをはじめなければならない。そう思えてならない。

二〇〇〇年一一月

浅見昇吾

解説Ⅰ　ヒトと戦争

養老孟司

背景

ヒトはなぜ戦争をするのか。それについてアインシュタインが手紙を出し、フロイトが返事を書いた。それが本書である。

成立のいきさつをアインシュタインが最初に書いている。国際連盟からアインシュタインに依頼があった。好きな相手を選び、「今の文明でもっとも大切な問い」と思われるものについて、手紙を書いてください。それが依頼の趣旨だった。だから主題も相手もアインシュタインが選んだ。主題は戦争で、相手はフロイトである。二人ともドイツ語圏に住むユダヤ人で、時代はちょうどナチの勃興期にあたる。数年のうちに二人はそれぞれ米英に亡命することになる。

二人とも平和主義者である。いったい戦争でなにが解決できるのだろうか。そう疑っている。やがて第二次世界大戦が始まるという時期だから、「ひとはなぜ戦争をするのか」はこの二人にとって素朴だけれども、切迫した疑問だったのだと思う。時代を思えば、その気持ちは今の私にもよくわかるような気がする。二人がユダヤ系だったということもここでは重要である。なぜならユダヤ人は国民国家間の戦争には直接の関係がないからである。ユダヤ人ももちろん国民だが、同時にユダヤ人共同体に属している。そのことが、国民国家どうしの戦争を考えるときに、微妙な距離感を二人に与えていたはずである。

アインシュタインがフロイトを相手に選んだのは、同じユダヤ人というだけではなく、ヒトの心理が戦争の大きな背景であることを理解していたからであろう。アインシュタインは心理学者としてのフロイトの意見をぜひ聞きたかったのだろうと思う。本書でフロイトは「破壊欲動」について論じている。そういう欲動が存在するとして、それが脳のなかでどのように発生し、どう処理されるかというような具体的な研究は、当時の神経科学ではまだとうていできる状況ではなかった。だからフロイトはいわば一般的かつ抽象的に問題を論じるしかなかった。

それでも丁寧に読んでみると、フロイトは当時として可能な限りの議論を尽くしていることがわかる。最終的には社会が「文化的」にならない限り戦争は終わらないとする。フロイトは戦争を完全になくすことを前提にして書いているから、議論がそうなったのだと思う。しかし戦争も文化の一形態だと見れば、実際には戦争はしだいに限定された形になっていくはずである。米国と旧ソ連の対立が終わった段階で、世界の全面戦争の危機は去った。ほとんどの人はそう思っているであろう。米ソ対立なんて、若い世代にとっては、もはや単なる歴史に変わっている。それ以降の時代の戦争は警察と同じで「飼い慣らされた」形をとり、権力あるいは暴力に関する文化の一部となる。もしヒトの攻撃欲動が消せないものであるなら、そうなるしかない。

さらに「ほとんどの人は気づいていないようですが」と注記しつつ、文化はヒトの心と身体を変化させていくはずだとフロイトはいう。その明るい面と否定的な面をきちんと指摘する。たとえば文化的になれば人口が減る。「文化が発展していくと、人類が消滅する危険性があります」とまでいう。フロイトは性を心理の根元に置いたから、こう書くのも理解できないではない。生きものの存続に不可欠な性欲まで変わるとすれば、戦争を引き起こすような攻撃欲動も変わって不思議ではない。ヒトが変わる可能性は重要である。これはまた後で述べることにする。

なにが扱われていないか

まず二人の書簡で扱われていないことを考えてみよう。ナチの勃興のような、当時の政治情勢は扱われていない。それは政治家の仕事だと考えられたからであろう。学者はそういうことには立ち入らない。それが当時の常識で、ある程度はいまでもそうかもしれない。それを変えたのはアメリカ文化であろう。政治の中枢に学者が入っても、不思議ではなくなった。

もう一つ、大きな問題がある。それは人口である。人口問題は戦争の大きな背景になっている。私はそう思う。たとえば日本では明治維新以降、つい最近まで、対数曲線を描いて急激に人口が増加した。これが近代日本の「発展」だが、同時にそれは、いわゆる侵略戦争を引き起こした。ヒトが増えると、モノも不足するけれども、社会のなかで若者の居場所も不足する。欧州では産業革命以来、人口が増加した。つまり若い人たちが増えた。ところが社会制度は古い状況に合わせてある程度固定しているから、若者を受け入れる場所が足りない。その傾向はいまでもあって、若者の失業率が高い社会が多いし、伝統的な社会でそれが目立つ。明治期の日本は社会制度そのものを変えたから、新しい社会のなかで若者のいる場所が創られた。それでも若者が余れば、当然ながら軍隊が役に立つ。まともな仕事で若者が重要な部門といえば、当時は軍隊に決まっていた。だから人口増とともに、軍隊はひとりでに肥大する傾向があった。会社と違って軍隊は雇用に制限がかかっているわけではない。社会制度が固定した社会では、経済が許す限り軍隊が拡大する。軍隊が大きくなれば、戦争の危険はむろん高くなる。軍隊を拡大する理由として、対外的な危機を誇張せざるを得ないからである。

じつは第一次世界大戦の根本には、これがあったと私は思う。あの戦争は欧州の数百万の若者を殺した。そこまで若者を減らしたのだから人口問題が解決したかというと、むろんそうではない。そのあと二十年あまりで第二次世界大戦が起こる。今度は若者だけではない。多くの世代の人を減らした。それでも戦後はベビーブームになった。日本では団塊の世代である。中国では日本との戦争で人が減った。さらに国共内戦があった。それが落ち着いた段階で北京政府は「一人っ子」政策を採用した。人口の極端な増加が予測されたからであろう。あれこれいわれるが、これは長い歴史を持つ社会の知恵かもしれない。人口が増えては、さまざまな問題の解決が難しくなる。北京政府はそれを知っていたのだと思う。「実際に人口を減らす」という意味では、戦争はおそらく役に立たなかった。でも人口の自然増、軍隊の肥大、戦争というのが、過去の一つの必然的な道だったことは間違いないだろうと思う。

二人の議論で扱われなかった、さらに重要なことがある。それは当時の社会にはまだ存在していなかったものが、現代にはあるからである。情報あるいはＩＴの技術はその典型である。これは二人が危惧したけれども、実際には起ってしまった戦争、すなわち第二次世界大戦の落とし子という面もないではない。生物学でいうなら、ワトソンとクリックのＤＮＡの二重らせんモデルが出されたのが一九五三年、そのクリックが戦時中は英国で暗号解読の仕事もしていたらしい。この論文には information という単語が一回だけ出てくる。その後、ＤＮＡつまり遺伝「情報」に関する研究は生物学を根底から変えた。

それだけではない。パソコンとスマホに代表されるＩＴは日常生活を変えた。そこでは新しい社会システムが創られた、あるいは創られつつある、といってもいいであろう。現代のシステムはアルゴリズム、つまり計算や手続きと考えてもらえばいいが、それに従って成立する。それまでは社会システム、たとえば世間はいわば「ひとりでにできる」、あるいは「自然にできてしまった」という面が大きかった。でも現代ではそれは違う。「アルゴリズムに従って創られる」面が大きい。経済や流通、通信はそうなっている。それを合理的とか、効率がいいとか、グローバル化とか表現する。

たとえば生まれたときにわれわれは自分の名前をもらう。でも現代日本の社会システムでは、それが個人番号になる。個人番号とは、新しく生まれてきている社会システムのなかでの「あなた」である。それが気に入らない人はずいぶんいるみたいだが、なにがどう気に入らないのか、自分でもよくわかっていないのだろうと思う。私もわかっているわけではない。でも社会システムを右のように考えてみると、ややわかるような気がしてくる。誕生時からの姓名は、古い社会システムとしての世間のなかの自分を示し、個人番号は新しい社会システム内の自分を示す。私はそう理解している。ただしそういうシステムを私が容認するか否かは、別問題である。

さらに新しいシステムとここでいうものの一例を挙げよう。飛行機に乗ろうとすれば、あなたはまずテロリストと見なされる。だからうっかり水は持ち込めないし、身体中を検査される。つまりテロリズムは現代社会に既成のものとして組み込まれている、というしかない。われわれは選挙で「テロを社会に組み込もう」という政治家に投票したわけではない。でもそれはすでに組み込まれてしまっているのである。各国首脳が集まって「テロを断固として撲滅する」みたいなことをいう。そこで私が白けるのは、テロが発生するような社会システムを創るのを、無意識的とはいえ、手伝ってきたのはあんたたちだろう、という気がするからである。誰であれテロの容疑者と見なされる。そういう社会では、テロは「あって当然」と暗黙に見なされている。じゃあ、そこでテロを撲滅するとはどういうことか。

テロの根底

さて、こうした世界で戦争はどうなるのだろうか。フロイトはヒトには破壊欲動があるという。なにがなんでも壊すところがある。ハリウッド映画の多くが、破壊のシーンを映していることにお気づきだろうか。アメリカ人は無意識的に物質文明を恨んでいる。私はそう解釈している。ビルは爆弾で破壊され、カーチェイスがあって、車がぶつかり、最後に炎上する。これは年中といっても過言ではあるまい。9・11の状況をテレビのニュースで見たときに、こりゃハリウッド映画だ、と思った人はかなりいたはずである。私の家族はアメリカ映画やテレビ番組は「ものを壊す」からイヤだという。そういわれて私も気が付いた。

現代社会では、こうした破壊欲動は仮想的に満たされる。いわゆるヴァーチャル化である。それもあって映画が暴力的なのだろうと思う。暴力的なシーンを見て、気分がスカッとするなら、それで破壊欲動は当面解消する。戦争はやがて飼い慣らされると書いたが、事実そうなってきているように見える。同時に実際の戦闘自体も映像化つまりヴァーチャル化している。イラク戦争では、米軍のヘリコプターから、地上のトラックを攻撃する光景をテレビが放映していた。夜間赤外線カメラで見て、白く見える人影を銃撃する。これはもはや戦争というより、テレビ・ゲームである。当時私は、ブッシュとフセインが戦争の代わりにゲームをやればいいじゃないか、と書いたことがある。アルゴリズムに基づく社会システムのなかでは、古典的な国家間の戦争は存在意義を失う。古典的な社会システムを代表する国家の機能の一部は、企業にとって代わられる。つまり民間委託である。まだ戦争は止まないが、そのほとんどが局地戦である。北朝鮮は古典的な戦争を考えているのであろうが、それも世界的に見れば局地戦である。しかも周辺諸国はおそらく北朝鮮が潰れては困ると、本音では思っているはずである。だからこそああいう国がいまだに存続している。力ずくで潰そうと思えば、潰せるであろう。でもそんなことをしても、あまり周囲の得にはならない。ベルリンの壁の崩壊後十年間、ドイツですら経済の調整に苦しんだ。それだけではない。統一朝鮮が成立すれば、東アジアの古くからの問題が再燃する。日中にロシアを含めた関係のなかで、統一朝鮮がどう行動するのか、関係諸国にとって厄介な事態が生じることは想像に難くない。

アルゴリズム的なシステムが優越する社会では、戦争のような「賭け事」に類する行為は嫌われる。人々はそれは本質的に間違った行為だと感じる。賭け事に自分の生活を賭けるのは、成熟した大人のすることではないからである。賭け戦争には「やってみなければわからない」面がある。でもそれはシステムを成立させることに反する。アルゴリズムとは、要するに計算通りということだからである。

現代社会では、自然発生的な社会システムと、アルゴリズムで創られていく社会システムが拮抗している。私たちが置かれているのはそういう状況だと私は考えている。典型的にはそれは、国民国家と多国籍企業との対立、拮抗、あるいは協調として現れる。そこでいわゆる進歩というモノサシを入れれば、アルゴリズム的社会がやがて優越していくように思える。格差社会といわれるのは、新しい社会システムから外される人が多くなったからである。こうした見方からすると、テロという問題が違った面から見えてくる。ＩＳはカリフ制への復帰を主張しているという。それ自体がいかにも「古い」が、そこに見えてくるのは古い社会システムへの親近感、郷愁であろう。アラブ世界は石油に引きずられてきた。石油はむろん新しい社会システムの象徴である。石油のメジャーとは、多国籍企業の典型ではないか。

いまはイスラム世界からテロが発生しているように見える。テロを「政治的」と見なせば、イスラム教がどうこうという話になる。でもそれが違うということは、多くのイスラム教徒自身がいうことであり、そもそもＩＳがイスラム原理主義を標榜すること自体がいわば「古い」のである。テロとイスラムを結合するのは、古い社会システムからの見方である。そうではなくて、新しい社会システムと自然発生的な古い社会システムの相克がテロの基底ではないか。私はむしろそう思っている。石油に振り回されてきた中近東で相克が極端化しているのである。個人番号にせよ、すべての乗客をテロ容疑者と見なす空港にせよ、新しいシステムは個人に対して新たな強制をかける。そこになにかの理不尽さを感じるのは、私だけではないであろう。すべての人にそれを強制することによって、利益を受けるのは誰なのか。それはあなた方自身だと、新しいシステムはいう。ところがいわれているほうの私たちは、どうもそんな気がしていない。石油に振り回されてきたアラブ世界にしてみれば、その違和感はもっと徹底的なはずである。

新しいシステムが成立しつつあるとき、それに参加しなければなにか不利益を被る。以前通り生きているのに、外部の都合でなぜか不利益を被ってしまう。あるいは不利益を被るという感じがする。ではそれに反抗する方策があるか。新しいシステムが包括的、普遍的であればあるほど、抜け道がない。だからテロになるのであろう。

そう思えば、現代のテロとは、新しい社会システムに対するレジスタンス、抵抗と見なすこともできる。テロがアルゴリズム的社会に対する抵抗だとすると、これは簡単にはなくならない。じつは私はそう思っている。メディアはテロを政治問題と解釈するが、それではオウム真理教事件は十分には説明できない。むしろ選挙に落選することで、麻原彰晃は政治というシステムに見切りをつけたのであろう。政治というシステムに見切りをつけたゆえの行動を、政治的に解決することはできないはずである。世界の首脳が集まって、テロを撲滅するという。私はまったく信じていない。むしろテロが存在することによって、政治の仮想的な重要性が高まるから、政治家や官僚はテロ対策をいう。一種のマッチポンプといってもいい。政治がアルゴリズム的システム化のほうに無意識的であれ強く引きずられる世界では、抵抗勢力が発生する。それが現代の戦争であり、つまりテロだというのが、私の貧しい結論である。

脳と戦争

テロ行動は個人を中心としている。組織的に行ってはいるが、実行犯はしばしば個人である。これならフロイトの世界で説明可能かもしれない。でもたとえばオウム真理教事件を考えると、集団が対象となる。そこでよくいわれるのが洗脳である。ある状況に置かれると、人は一定の見方、考え方をするようになり、そこから出られなくなる。それを意図的に行うことを洗脳という。

ヒトの脳がそういう性質を持つことを、私は当然だと考えている。じつは、脳は三つの状況に依存して変化する。一つ目は自然界、つまり物質の世界である。これは生理的な適応だから、かならずしも脳だけが重要ではない。二つ目は対人関係、つまり社会的関係である。その重要性は、中国のような歴史の古い都市社会では何度も指摘されている（孟母三遷、朱に交われば赤くなる、などなど）。三つ目は、脳自身である。脳はいくつかの違った部分からなるシステムである。それがうまく動くようにしなければならない。脳卒中などを起こせば、それがよくわかる。脳の一部が壊れたら、それっきりダメかというと、そうではない。だからリハビリなのである。周囲の状況になんとか適応するように、脳が自分自身を変えていく。片側の大脳皮質を切除すれば、とうぜん半身不随になる。しかし高校生より若い時期であれば、やがてこの半身不随は消えてくる。脳自身が皮質が半分ない状況に適応するともいえるのである。これが脳の端倪《たんげい》すべからざるところである。フロイトはそれを直感していて、ヒトは変わるといったのであろう。

哲学者や数学者がひたすら考えているのも、脳が脳自身の働きに適応しようとしているとも見える。頭のなかで論理的整合性がとれるように、ひたすら自分の脳を変えていこうとする。そう見えなくもない、というより、私はそう思っている。「わかった」と本当に思ったときの脳は、わかる以前の脳とは違っているはずである。だから何かがわかると、次々にまたわからないことが出てくる。脳が変化し、その脳に「新しい状況」が発生するからである。だから学問研究はやめられない。自分の脳を変えるという習慣が付くと、いわば中毒を起こす。だからひたすら考え続ける。

それが外的に、つまり社会的に起こっているのが都市文明である。都市文明は意識的に世界を構築する。そのなかで暮らす人たちがさらに都市環境への適応を高めていく。それは意識が意識の産物に適応していくということで、私はそれを「脳化」と呼んできた。それが内的、すなわち個人だけであるなら、右の哲学者や数学者である。その意味でフロイトやアインシュタインのような学者が平和主義者になるのは当然であろう。暴力は運動系の末端にある筋肉の作用である。脳からの唯一の出力といってもいい。でも意識は中枢の機能で、中枢は末端に支配されてはならないのである。それでは「中枢」と呼ぶに値しないではないか。

脳科学、認知科学の進展は著しい。それでもその成果の社会的認知はまだ遅れていて、脳に関する知見は世間の常識にはなっていない。その最大の理由は、意識が科学的に説明されていないことであろう。科学自体を意識がやっている以上、そこにはやむを得ない事情がある。意識は学界では実際にはタブー視されてきたので、アメリカで国際意識科学会が成立したのが一九九〇年代のことである。この解説を書いている現代では、意識はすでに科学の正当な対象と見なされている。だから意識に関する「自然科学的な」書物も出るようになった。そこではいろいろ面白いことがわかってきているが、「世間の常識」になるには至っていない。根本的にはまだまだ百家争鳴といってもいいであろう。

結論というほどのものはない。しかしヒトと戦争という課題は、社会システムの成立と維持の一面と見なすべきであろう。その社会システムは、右に述べたように、自然発生的なものから、アルゴリズム的なものへと変化しつつある。つまり脳機能としての意識が優先しつつある。個人でいえば意識と身体、集団でいえばアルゴリズム的な社会と自然発生的な社会、その両者のバランスの上に将来の社会システムが構築されていく。戦争の地位も、そのなかで定まるというのが私の予想である。ただしその地位は、すでに述べてきたように、アインシュタインやフロイトが生きていた時代よりはるかに小さくなってきており、いずれ、飼い殺されるに違いない。ヒトは変わり、社会も変わるのである。

（解剖学者）

解説II　私たちの「文化」が戦争を抑止する

斎藤　環

アインシュタインからの問い

本書は、精神分析の創始者であるジグムント・フロイトが、物理学者アルバート・アインシュタインからの呼びかけに応えてはじまった、公開の往復書簡です。この二人の偉人の接点を意外に思われる人もいるかもしれませんが、実は二人は一九二六年にベルリンで対話の機会を持っていました。フロイトは後年、弟子であるフェレンツィにこう書き送っています。「彼の心理学についての理解は私の物理学についての理解と同じ程度であったため、我々は大変愉快に話し合いました」と。

しかしもう一つ、両者には共通点がありました。戦争への関心と平和への願いです。

一九三二年、アインシュタインは国際連盟から、人間にとってもっとも大事だと思われる問題を取り上げ、もっとも意見を交換したい相手と書簡を交わす、というプロジェクトを持ちかけられました。彼が選んだテーマは「戦争」、意見交換の相手はフロイトでした。

当時、アインシュタイン五十三歳、フロイト七十六歳、ともにユダヤ人でした。ナチスドイツが勢力を拡大しつつあるなか、アインシュタインはアメリカへ、フロイトはロンドンへ亡命を余儀なくされています。二人のあいだには〝迫害される側〟としての共感もあったことでしょう。その頃すでに平和運動に身を投じていたアインシュタインは、フロイトに問いかけます。「人間を戦争というくびきから解き放つことはできるのか？」と。

手紙のなかでアインシュタインは、自分なりの解決策を提案しています。

戦争の問題を解決するためには、すべての国家が一致協力して一つの機関をつくり、そこに、国家間の問題についての立法と司法の権限を与えればよい。「各国が主権の一部を完全に放棄し、自らの活動に一定の枠をはめなければ」、国際平和は望めない、と。

しかし、そのような強い権限を持った機関の設立はきわめて困難です。すでに数多くの人が国際平和を実現しようと努力してきたのに、いまだ平和は訪れそうにない。

ここでアインシュタインは、平和に抵抗する人間の悪しき二つの傾向として、権力欲と、武器商人たちのように権力にすり寄って利益を得ようとするグループの存在を挙げます。では、そうした少数の人間の欲望に、なぜ一般の大勢の国民が従ってしまうのでしょうか。

アインシュタインの結論はこうです。「人間には本能的な欲求が潜んでいる。憎悪に駆られ、相手を絶滅させようとする欲求が！」。つまり戦争は、人間の攻撃的な本性ゆえに、けっしてなくならないのだ、と。

この前提に立ってアインシュタインは、フロイトに問いかけます。「人間の心を特定の方向に導き、憎悪と破壊という心の病に冒されないようにすることはできるのか？」と。

「死の欲動」とは何か

フロイトは同年九月、アインシュタインに宛てて、受け取った手紙の四倍ほどの長さの返信を送ります。そのなかでフロイトは、アインシュタインの考えにほぼ全面的に同意します。そして、人間が相手を絶滅させようとする「本能的な欲求」のことを、「破壊欲動」（「死の欲動」）という概念を用いて解き明かしていきます。

「死の欲動」とは、第一次世界大戦を経てフロイトが生み出した概念です。一九二〇年前後に書かれた『快感原則の彼岸』という論文において初めて発表されました。

第一次世界大戦は人類史上最初の総力戦であり、大量の近代兵器の投入によって、おびただしい死傷者をもたらしました。この戦争体験は、フロイトの理論に大きな変革をもたらしたとされています（異論もありますが）。

きっかけの一つは、帰還兵たちに見られた「戦争神経症」（今で言うPTSD〈心的外傷後ストレス障害〉にあたると思われる）の症状です。過酷な塹壕戦を戦って生命を危険にさらすほどのストレスやショックを受けたことにより、戦争が終わったあとでも繰り返しその悪夢を見たり、過酷な体験の記憶がフラッシュバックしたりする、という症状が数多く見られたのです。

もう一つのきっかけが、戦争と直接関係はありませんが、フロイトがその論文のなかで紹介している、孫のエルンストの糸巻き遊びです。一歳半のエルンストは母の留守中、ずっと独り遊びをしていました。糸巻きを放り投げてはたぐり寄せる、ということを繰り返していたのです。投げると目の前から糸巻きはなくなり、たぐり寄せると出現する。この様子を見ていたフロイトは、これは母親がいなくなる状況を再現しているのだと直感しました。

このあたりのフロイトの発想は、やはり天才的だと思います。普通に考えるなら、エルンストは母親がいない寂しさを紛らわすために、たわいもないことをして遊んでいると考えるでしょう。しかしフロイトは、エルンストが糸巻きを使って母親がいない苦痛な状況をあえて再現しているのであり、そこにこそ本質がある、と考えたのです。フロイトはその理由として、母の不在という受け身で耐えるしかない不快な経験を、能動的に表現することで主体的にひきうけるという要素と、もう一つ、母の身代わりである糸巻きを遠くに放り投げる行為で、自分をほったらかしにした母親への復讐を実現するという意味を見出しました。

しかし、そうするとおかしなことになります。フロイトのそれまでの理論は、「快感原則」で成り立っていました。快感原則とは、より緊張が少ない状態、不安が少ない状態こそが「快」であり、人間は常にその状態を求める傾向がある、という原則です。しかし、帰還兵の悪夢やフラッシュバック、エルンストによる母親の不在の再現は、その理屈に合いません。なぜなら、帰還兵もエルンストも、不快であるはずの状況を自ら繰り返しつくり出しているからです。このように、快感原則に逆らってまで、不快な体験や虐待などの不愉快な人間関係を反復してしまう現象を、フロイトは「反復強迫」と呼びました。

　それでは「反復強迫」はなぜ起こるのか。なぜ、心はあえて、緊張や不安を高める方向に動こうとするのか。そこからフロイトが思弁的に構築したのが、「死の欲動」という概念でした。

　フロイトは、人間には「生の欲動」（エロス）と「死の欲動」（タナトス）という二つの欲動が備わっていると考えました。「欲動」とはあまり聞き慣れない言葉かもしれません。これは、言葉の作用がもたらす「欲望」や、生理的な「欲求」とは異なり、心よりもむしろ身体に深く根ざしたある種の傾向、ベクトルのことを指します。ごく単純化して言えば、「生の欲動」は、生を統一し、保存しようとする欲動のこと。一方、「死の欲動」は、破壊し、殺害しようとする欲動を指します。

　ちなみに「欲動」は、かつて「本能」という言葉があてられていました。しかし、実は人間には本能というものはありません。この発見は精神分析の功績の一つです。動物の場合は、遺伝子にあらかじめ刻まれたプログラム（＝本能）によって、教わらなくても生殖を行うことができます。しかし人間の場合は、生殖などの行動も、言葉を通して後天的に学ばなければできません。つまり人間は、生きる上で必要なありとあらゆる行動を、後天的に学ばなければ実行できないという限界を抱えた生きものなのです。ただしそのことは、人間に対して限界と同時に大きな自由も与えたわけですが。

閑話休題、フロイトは、あらゆる生物には「より以前の状態に戻ろうとする」傾向があると考えていました。ここには当時の進化論からの影響がみてとれます。とりわけ「個体の発生は系統発生を繰り返す」とするヘッケルの仮説。これはたとえば、人の胎児の形態は、受精卵↓魚類↓は虫類↓ほ乳類↓ヒトという進化の過程を辿り直すように変化する、という仮説です。また、進化には目的があり、獲得された形質は遺伝するとしたラマルクの仮説からの影響も指摘されています。フロイトは彼らの仮説を人間の心にも当てはめたのです。より高度な状態を目指して進化してきた人間の心にも、常にその過程を遡って、振り出しにある無機的なもの、すなわち死を目指そうとする傾向があるとする「死の欲動」の仮説は、こうした思弁から生まれました。

フロイトは、人間にとって「死の欲動」は「生の欲動」と並んでもっとも古く根源的な衝動であり、言語を獲得する前から人間に備わっていると考えました。まだ言葉を話せない孫のエルンストにそれが発現していたことがその例です。フロイトは、「死の欲動」は人間に常に潜在していて、なんらかの理由で〝退行〟したときに現れやすいとしました。たとえば、戦争で非常に激しいストレスを受けて退行的な状態になった場合なども、その一つです。

この「死の欲動」は、フロイトの理論のなかではひときわ思弁的な概念で、決して評判のよいものではありませんでした。先ほど述べたように、この発想の由来の一つが、ヘッケルやラマルクのすでに否定された進化論だったこともその一因です。フロイトを信奉する精神分析家のなかにも、「死の欲動」だけは受け入れがたいと主張する人が少なくありません。フロイトの学説ではもっとも賛否両論を巻き起こしたものと言っていいでしょう。

「死の欲動」が着想された背景には、フロイト個人の苦しい経験が影響しているという見方もあります。第一次大戦中、ウィーン市民は寒さと飢えに苦しめられていました。もちろんフロイトも例外ではなく、弟子達の支援でなんとか診療と執筆を継続しているような状況でした。

第一次世界大戦後の一九二〇年代に、フロイトは立て続けに多くの不幸にみまわれます。愛弟子の死や離反があり、娘ゾフィーとその息子との死別が相次いで起こりました。フロイト自身も動悸や頻脈など身体的な不調に苦しむようになり、また晩年のフロイトを苦しめた上顎癌の前兆とも言うべき白板症（愛用していた葉巻が原因と言われている）の手術を繰り返し受けるようになりました。

「死の欲動」の概念が生まれた背景に、こうしたフロイトがおかれた苦境が影響していた可能性は否定できません。

現在、臨床の場でこの概念がそのまま使われることはほとんどありません。ただ、フロイトの理論を発展的に受け継いだメラニー・クラインは、死の欲動概念についても「羨望」の理論などに洗練していきました。また、フロイト主義者を自称しながら、きわめて独自な発展に寄与した精神分析家ジャック・ラカンは「死の欲動」を自らの理論の中核に置き、この欲動を人間の言語能力や超自我の作用、あるいは享楽といった概念に結びつけるなど、複雑で精緻な議論を展開しています。ラカンの理論は臨床家よりは現代思想の領域に広範な影響をおよぼしました。その意味で「死の欲動」は、臨床よりも思想的な影響のほうがはるかに大きかったとも考えられます。もちろんこちらについてもトッド・デュフレーヌ『〈死の欲動〉と現代思想』（みすず書房）のような批判があります。

しかし、これから読んでいく書簡のなかでまさにフロイトも言っているように、世界から戦争がなくならず、完全な平和がなかなか訪れない理由として、人間が破壊を求める「死の欲動」を持っているため、とする考え方は、いまでも一定の説得力があると私は考えています。

権力もまた暴力である

フロイトはアインシュタインの問いに答えるにあたり、まず、暴力の歴史から説き起こします。原初の時代、人間がまだ動物のような群れで暮らしていた頃には、相手に言うことを聞かせようと思った場合、もっとも手っ取り早い方法は暴力を使うことでした。フロイトは言います。「人と人のあいだの利害の対立、これは基本的に暴力によって解決されるものです。動物たちはみなそうやって決着をつけています。人間も動物なのですから、やはり暴力で決着をつけます」。そして道具が登場すると、それを強力な武器として使える人が勝者になっていきました。

そうした時代に比べれば、現代社会ははるかに非暴力的にはなりました。それでも暴力が根絶されたわけではありません。ここには「他者に投影された暴力性」の問題があるからです。つまり、自分は暴力的な人間ではないが、他者がいまだ野蛮で暴力的である可能性がある以上、こちらも対抗上、武装して自衛するしかない、というわけです。このように相互に攻撃性を投影し合う状況が、日本において安保法制化を正当化したり、アメリカでの銃規制を困難にしているように思います。

フロイトは、このような原初の時代に続いて、暴力から権利への道が始まると述べています。力の強い者のむきだしの暴力に対し、弱者は集団で団結します。そして暴力的な存在に対抗して、自分たちの権利（法）を確立します。「法とは、連帯した人間たちの力、共同体の権力にほかならない」のです。

しかし、ここでフロイトは注意を促します。この権力もやはり暴力だと。共同体の権力に逆らおうとする人々には同じく暴力が行使されるのであり、「一人の人間の暴力ではなく、多数の人間の暴力が幅を利かすだけ」だとフロイトは指摘します。

この視点からすれば、たとえば法律も、一種の暴力です。法を犯した人には、拘留されたり、懲役を科されたり、場合によっては死刑に処されたりといった罰が与えられるわけですから。法のシステムは暴力コントロールの体系であるとみなすこともできます。

とは言え、暴力の支配だけでは共同体は長続きしません。共同体を維持するには、その成員間に「一体感」ともいいうる「感情の結びつき」が必要になるとフロイトは述べます。

感情の結びつきをつくる方法はいろいろあります。その集団に帰属している方が有利であると思わせるのも有効な手段です。例えば衣食住に関する権利を共同体が保障することで帰属意識を促すなど。あるいは、承認によって居場所を与えたり、その集団に帰属する意義を強調していくやり方もあります。後者の「集団」を「国家」に置き換えればナショナリズムの手法になります。ある種のナショナリズムは、その内実は暴力による支配であったとしても、多くの成員に、自ら進んで権力に従っているかのような自覚を植え付けるという意味で、きわめて巧妙な暴力の行使たりうるでしょう。

対立から調停へ

暴力を共同体のうちに委ね、その成員のあいだに感情の結びつきをつくる。

しかし、これで平和が訪れると考えるのは「理論のなかの話」だとフロイトは言います。なぜなら、共同体とはそもそも、男性と女性、大人と子どものように、力の不均衡な成員により構成されているからです。

共同体の権利はその不均衡を反映したものになりやすく、結果として、権力者と支配される側とのあいだに権力の格差が生じがちです。そのため、共同体の法の支配は、必然的に不安定化します。ひとたび権力が確立されても、支配される側に不満が募ったり、他に権力者になろうとする者が現れたりすると、また争いが繰り返されます。

こうした暴力の応酬で、少なくともフロイトの時代までは、支配システムの入れ替わりがしばしば起きていました。たとえば、「革命」も巨大な暴力です。絶対王政を倒したフランス革命では、一説によれば二百万人もの人が殺されたと言われます。民衆を苦しめた絶対王政の下で殺された人数よりも、さらに多くの人が革命で死んでいる可能性があるのです。フロイトと同時代のロシア内戦でも、数百万人の犠牲者が出ています。暴力の支配に対抗するための暴力がエスカレートして、どんどん過剰なものになってしまう。こうした歴史を見ると、人間がいかに暴力から逃れられないかを痛感します。

ここまで共同体内部の暴力について見てきましたが、これが、ある共同体と他の共同体との対立、あるいは国家同士の対立となると、暴力は「戦争」という形を取るようになります。フロイトは、「人類の歴史に目を向ければ、数限りない争いや対立が生じて」いるとし、こうした対立は「ほとんどの場合、戦争という力比べによって決着をみて」きたと述べています。

ここでフロイトは、いささか衝撃的なことに、戦争をすべて悪しきものと決めつけることはできず、平和をつくり出す戦争もあり得るという見解を示します。ローマ人が地中海諸国を征服してもたらした「ローマの平和《パックス・ロマーナ》」などの例を挙げ、「『暴力による支配』から『法による支配』への転換を促した戦争もあります」としたうえで、「『永遠の平和』を達成するのに、戦争は決して不適切な手段ではない」と認めざるを得ないと述べるのです。おびただしい死傷者を出した第一次世界大戦が、当時すでに「戦争を終わらせるための戦争」と呼ばれていたことを考えると、なかなか複雑なものがあります。ダライ・ラマも言うように、たいていの軍事行動は、平和を目的にしてなされるからです。

フロイトがこの書簡を書いた当時のヨーロッパでは、各国が帝国主義的に領土を拡大し合う状況が依然として続いていました。全体的な平和を実現するのにまったく戦争なしでは難しかろうと考えるのも、当時としては無理からぬところもあったでしょう。またフロイトとしては、自分の議論が理想主義的で非現実的なお花畑と批判されたくない思いがあったかもしれません。

しかし現代においては、国家間の戦争はきわめて起こりにくくなっています。ＥＵやＴＰＰなどのように、国家間の経済的な相互依存関係が強まっているためもありますし、そもそも戦争にかかる費用がとてつもなく高騰していて、国家間で戦争をするのはまったく割に合いません。もちろん紛争はいまだ続いていますが、ほとんどがテロやゲリラ活動などの低強度紛争のみです。

ただ、現在の平和の背景には、言うまでもなく強大な軍事力の存在があります。そう、アメリカの存在です。アメリカが世界警察的にふるまうことが、紛争の拡大に対する抑止効果になっていることは否定できません。また、核兵器の使用に関する「相互確証破壊（ＭＡＤ）」という概念も挙げられます。複数の国が核兵器を持つ現状で、再び総力戦が起きたら世界が滅びる。その恐怖もまた、戦争の抑止につながっているでしょう。核兵器という究極の暴力を提示することで維持される平和。フロイトの予言は、このような形で実現したとも言えるでしょう。

ただしフロイトは、征服によって得られた平和は長続きしないことも指摘しています。征服に対しては必ず報復が起きるからです。やはり、暴力は問題の究極の解決にはならず、問題の先送りにしかならない。それでは、ほかにどんな解決策がありうるでしょうか。

フロイトはこの問いに対し、アインシュタインの主張に同意してこう述べています。「戦争を確実に防ごうと思えば、皆が一致協力して強大な中央集権的な権力を作り上げ、何か利害の対立が起きたときにはこの権力に裁定を委ねるべきなのです」。フロイトはここで、一九二〇年に設立された国際連盟に期待を示しています。

しかし、国際連盟は実際にはうまく機能しませんでした。設立を提唱したアメリカがモンロー主義ゆえに参加せず、ソ連やドイツなどの大国も発足時には加盟しなかったという限界もありました。またフロイトも指摘するように、国際連盟は理念では結びついたものの、独自の権力というものを持っておらず、紛争を抑止するほどの効力は発揮できませんでした。

第二次大戦後、国際連盟の活動は国際連合に引き継がれました。国連の場合は、集団安全保障の理念をはっきりと打ち出して、侵略行為などに対しては、まず経済制裁や禁輸措置といった非軍事的強制措置をとっています。また、紛争地域に米国軍を中心とした多国籍軍が介入することを、安保理が容認する形で武力介入がなされる場合もあります（イラクのクウェート侵攻、コソボ紛争など）。このほかよく知られているのは国連が行う平和維持活動（ＰＫＯ）でしょう。紛争の激化を防ぐため、国連が主導的に行う軍事的活動です。これ以外にも、国連はさまざまな軍縮活動にかかわってきました。一九六八年の核拡散防止条約（NPT）が筆頭格ですが、化学兵器や生物兵器の禁止条約などにも関与しており、世界の平和維持に大いに貢献してきました。

フロイトが理想としていたような、紛争ではなく話し合いや調停によって平和を実現することが、現代においては少しずつ、可能になりつつあるようです。

混じり合う二つの欲動

ここまで述べてきた国家と暴力についての議論は、フロイトが個人の精神分析から得られた発想をベースにしています。つまり、国家が戦争という暴力を捨てられない理由を、個々人の欲動のありようと結びつけたわけです。

ここでフロイトが用いたのが、「生の欲動」（エロス）と「死の欲動」（タナトス）という概念でした。

フロイトは、人間は誰しも、つながりを求める方向と、互いに切断を求める方向――すなわち、「生の欲動」と「死の欲動」という二つのベクトルを持っていると提唱しました。これらは両価的で、表裏一体と言える部分もあり、しばしば入り混じります。エロスはよくてタナトスは悪いというような、単純な善悪の評価を下すことはできません。「どちらの欲動も人間にはなくてはならないもの」であり、「二つの欲動が互いを促進し合ったり、互いに対立し合ったりすることから、生命のさまざまな現象が生まれ出てくる」という性質のものです。

ですから、フロイトは単純に「死の欲動」が戦争に直結していると言ったのではありません。「他方の欲動と切り離され、単独で活動することなど、あり得ない」というように、どんな欲動も複合的なものです。たとえば、戦意を発揚する際に「平和のため」という言葉がしばしば使われます。あるいは、戦時中の日本では「お国のため」という言い方がなされました。「お国のため」とは、どちらかと言えば共同体を守る共同体感情ですから「生の欲動」でもあるわけです。しかしこれが暴走すると、個人を戦争や死に駆り立てる論理になる。「平和のため」「お国のため」には、「生」も「死」も両方入っているのです。

フロイトは、「多くの動機が戦争に応じようとしている」と書いています。そこには「高貴な動機も卑賤な動機もあれば、公然と主張される動機も黙して語られない動機も」ある。戦争の動機の一つが愛国心であるように、エロス的な動機も当然あります。単純に「死の欲動」だけなら、味方を背後から撃ってしまうようなこともあるかもしれません。しかし戦場では、敵味方を分別し、味方のために命を張ります。

精神科医の中井久夫は、兵士を戦闘に駆り立てる動機として、「戦友のため」がもっとも大きいと述べています（『戦争と平和　ある観察』人文書院）。国家という抽象的なもののために死ねるかと言ったら、そうはいかないという人もいます。でも、自分より先に死んでいった戦友のために命懸けで戦うというのは、動機づけとしてわかります。そこにはやはり、エロス的なものとタナトス的なものが混じり合っています。

この意味で私は、先の戦争でもっとも悪用されたのは国家神道だと考えています。神道においては、生と死の境目が非常に曖昧です。死んだら神様になって靖国神社に祀られるといった信念は、戦死がすなわち「よりよく生きるために死ぬ」というストーリーに取り込まれやすいのです。

戦争を防止する二つの方法

人間には「死の欲動」が備わっており、それを簡単に取り去ることはできない。だとすれば、戦争をなくす方法は果たして存在するのでしょうか。

フロイトは、一つの答えとして、「死の欲動」に対抗する「生の欲動」、すなわちエロスの欲動に訴えかけることを提示します。

まずフロイトは、人間の攻撃的な傾向を完全に消滅させることはできないという前提に立ち、「人間がすぐに戦火を交えてしまうのが破壊欲動のなせる業だとしたら、その反対の欲動、つまりエロスを呼び覚ませばよい」と述べています。そしてエロスの欲動の現れ、人間のあいだに「感情の絆」をつくり出すものはすべて戦争防止に役立つとして、二つの例を挙げます。

一つめは、「愛するものへの絆」です。これは恋愛に限らず、隣人とつながり合うこと、対話することと考えてよいでしょう。

確かに人とつながり合うことは、争いの抑止効果が非常に高いと思います。現代はインターネットやSNSなどを通じ、争っている国の人とつながり合うことも可能になりました。たとえばISのような残虐な集団であっても、そのメンバーと思しき人の書き込みを見て、彼らの考えや感情を知ることができる。

他者として敵対している限りは戦争の可能性は免れませんが、彼らも我々と同じ感情を持つ人間であるというごく当たり前の事実をまず理解すること。そこがエロスの出発点です。インターネットが発達した今日の社会は、そうした相互理解を進めやすい状況にあります。もちろん中傷合戦やテロの宣伝に使われるといった危惧もありますが、現代におけるネットは、いわばエロス的な回路として平和に貢献するところが大きいと私には思えるのです。

こうした「対話」について、本書のなかでフロイトは多くは語っていませんが、あえて私が付け加えました。本書でフロイトが使う「絆」という言葉は、日本人には誤解を招きやすいと考えたからです。絆主義は「家族の絆、共同体の絆を守るために戦争をする」といった論理にすり替わってしまうおそれがあります。時に個人を束縛し、支配するくびきになりかねない「絆」という言葉よりも、個々人の距離感を保ちながら言葉に基づく相互理解を深めていく「連帯」の姿勢のほうが、戦争抑止という点では大切なのではないでしょうか。

フロイトが提示する「エロスの欲動」の二つめの例は「一体感や帰属意識」です。これは精神分析の言葉では「同一化」と呼ばれます。相手の感情や行動を取り入れ、相手の身になって考えられるようになることを意味しています。相手の文化や背景を理解すると、その人がなぜそう考えたのかが理解しやすくなります。そういう意味で、同一化はフロイトが言う「感情の絆」のきっかけになり得るでしょう。

一般的に、文化的に洗練されていない人ほど差別主義者になりやすいと言われます。異文化を理解することは、文化の多様性を理解することでもあります。それを十分に理解できれば、異文化の人に対してもいたずらに偏見を持ったりしないし、さらに言えば、異文化の人に対しても同一化し、共感することが容易になります。これは異文化や他民族との関係に限らず、ジェンダーの違いなどさまざまな場面で役立つことだと思います。

フロイトが提示した戦争防止のためのもう一つの方法が、「文化の力」でした。

このことを語るにあたり、フロイトはある逆説的な問いを投げかけます。それは、私たち（平和主義者）が「なぜ戦争に強い憤りを覚えるのか？」という問いです。人間には破壊欲動があり、生物学的にも実際的にも戦争はほとんど不可避のものに思われます。にもかかわらず、人は戦争を受け入れようとはしない。それはなぜなのか。

フロイトはいくつかの答えを例示して見せます。「どのような人間でも自分の生命を守る権利を持っているから」「戦争は一人の人間の希望に満ちた人生を打ち砕くから」「戦争は人間の尊厳を失わせるから」「望んでもいない人の手を血で汚すから」などなど。これらは、個人の生を尊重するという個人主義に基づくならば、戦争反対の十分な理由になり得ます。

しかしフロイトは、人間が戦争に反対するより大きな理由は、別にあると言います。平和主義者である私たちは「体と心の奥底から戦争への憤りを覚える」からだと。彼はこうした「憤り」をもたらしたものが、人類の歴史で発展してきた「文化」であると述べます。

文化は欲動を制限する

フロイトによれば、文化は欲動の発動自体を抑えるはたらきがあります。人間は欲動からは自由になれないが、文化を獲得することで、知性の力が強くなり、そうした欲動がコントロールされるようになっていくのです。その結果、攻撃の欲動は内面に向かうようになります。

文化の発展が人間の心に変化をもたらす例として、フロイトは、文化が発展した国では出生率が下がることを挙げます。これは端的に避妊をするということも含め、むきだしの欲動のままに子どもをつくるという軽率なことはしなくなる、ということでしょう。また、結婚に対する考え方の変化もあるでしょう。発展途上地域では、家族を持てるかどうかは死活問題です。若いうちに結婚し、子どもを産み、働き手を増やして家族でサバイバルしていくことが基本になる。しかし、文化が発展して社会保障が充実し、個人主義が進んでくると、結婚は必須ではなく選択の問題になってきます。また、結婚したとしても子どもを持つか持たないかは自明ではなく、やはり選択の問題になります。個人を尊重する文化が発展するほど、個人の行動には選択肢が増えてくるのです。

実際に日本の状況を見ても、若い世代の性的な欲動の水準は下がっているように見えます。ある意味で、日本の若い人たちは文化的、かつ平和的になりつつあるとも言えるでしょう。彼らが享受する文化が、それこそ二国間の対立のようなものを部分的に乗り越える力になっているとも思います。たとえば、嫌韓本が売れる一方で韓流ブームがある。中国は反日感情が強いと思われる一方で、中国のオタクたちは日本のアニメやゲームが大好きです。こうしたところでつながり合えるのは文化の力だと思います。

フロイトはまた、文化が発展すると、それが究極的には「心と体の全体の変化」をもたらすと述べています。かくして戦争への拒絶は、「体と心の奥底からわき上がって」くるようになります。フロイトが考える真の平和主義者とは、文化の発展を受け容れた結果、生理的レベルで戦争を拒否するようになった人間のことです。たしかにこうした人間が多数派になれば、戦争は終わるのかもしれません。

だからこそこの書簡は、フロイトの力強い宣言でしめくくられています。「文化の発展を促せば、戦争の終焉へ向けて歩み出すことができる！」と。

これを単なる楽観論と笑い飛ばすのは容易ですが、それはあまり文化的な態度とは呼べないでしょう。

ここからは完全に私の見解ですが、文化とは文明とは異なり（フロイトはこうした区別には否定的でしたが）、人間の価値観を規定するものです。逆に、価値観を文化として洗練していけば、あらゆる価値の起源として「生きてそこに存在する個人」にゆきあたるはずです。つまり文化の目的とは、常に個人主義の擁護なのです。そうなると、いかなる場合にも優先されるべき価値として、個人の「自由」「権利」「尊厳」が必然的に導かれてくるでしょう。

これをフロイトの所説に結びつけるなら、文化の発展を享受した平和主義者とは、心のみならず身体のレベルで個人主義を体現した存在、ということになります。言うまでもなく「戦争」は、そのあらゆる局面において、「個人」の自由、権利、尊厳を犠牲にせずにはおきません。平和主義者（＝個人主義者）が、戦争を生理的レベルで嫌悪し拒絶するのは当然のことなのです。

こうした意味での平和主義が日本に広がるには、まだしばらく時間はかかりそうです。しかし嘆く必要はありません。私たちは世界史レベルで見ても最高度に文化的な平和憲法を戴いているからです。そこにはフロイトすら思いもよらなかった戦争解決の手段、すなわち「戦争放棄」の文言が燦然と輝いています。この美しい憲法において先取りされた文化レベルにゆっくりと追いついていくことが、これからも私たちの課題であり続けるでしょう。

（精神科医）

KODANSHA

本書の原本『ヒトはなぜ戦争をするのか？』は二〇〇〇年に花風社より刊行されました。講談社学術文庫に収録するにあたり、一部を再構成しています。原本の養老孟司「解説」を割愛し、新たに養老孟司「解説Ⅰ ヒトと戦争」、斎藤環「解説Ⅱ 私たちの「文化」が戦争を抑止する」を付加しました。

アルバート・アインシュタイン　Albert Einstein

（1879-1955）物理学。光量子仮説や特殊相対性理論，一般相対性理論を発表。人々の宇宙観を大きく変えた。1933年，米国に亡命。

ジグムント・フロイト　Sigmund Freud

（1856-1939）精神医学。神経症の治療を行ないながら，精神分析の理論を構築。伝統的人間観を刷新した。1938年，ロンドンに亡命。

講談社学術文庫

定価はカバーに表示してあります。

ひとはなぜ戦争《せんそう》をするのか

A・アインシュタイン／S・フロイト 著

浅《あさ》見《み》昇《しよう》吾《ご》 訳

2016年6月10日　第1刷発行
2024年6月4日　第24刷発行

発行者　森田浩章
発行所　株式会社講談社
東京都文京区音羽2-12-21 〒112-8001
電話　編集（03）5395-3512
販売（03）5395-5817
業務（03）5395-3615

装　幀　蟹江征治
印　刷　株式会社広済堂ネクスト
製　本　株式会社国宝社
本文データ制作　講談社デジタル製作

ISBN978-4-06-292368-2

「講談社学術文庫」の刊行に当たって

これは、学術をポケットに入れることをモットーとして生まれた文庫である。学術は少年の心を養い、成年の心を満たす。その学術がポケットにはいる形で、万人のものになることは、生涯教育をうたう現代の理想である。

こうした考え方は、学術を巨大な城のように見る世間の常識に反するかもしれない。また、一部の人たちからは、学術の権威をおとすものと非難されるかもしれない。しかし、それはいずれも学術の新しい在り方を解しないものといわざるをえない。

学術は、まず魔術への挑戦から始まった。やがて、いわゆる常識をつぎつぎに改めていった。学術の権威は、幾百年、幾千年にわたる、苦しい戦いの成果である。こうしてきずきあげられた城が、一見して近づきがたいものにうつるのは、そのためである。しかし、学術の権威を、その形の上だけで判断してはならない。その生成のあとをかえりみれば、その根は常に人々の生活の中にあった。学術が大きな力たりうるのはそのためであって、生活をはなれた学術は、どこにもない。

開かれた社会といわれる現代にとって、これはまったく自明である。生活と学術との間に、もし距離があるとすれば、何をおいてもこれを埋めねばならない。もしこの距離が形の上の迷信からきているとすれば、その迷信をうち破らねばならぬ。

学術文庫は、内外の迷信を打破し、学術のために新しい天地をひらく意図をもって生まれた。文庫という小さい形と、学術という壮大な城とが、完全に両立するためには、なおいくらかの時を必要とするであろう。しかし、学術をポケットにした社会が、人間の生活にとってより豊かな社会であることは、たしかである。そうした社会の実現のために、文庫の世界に新しいジャンルを加えることができれば幸いである。

一九七六年六月

野間省一

自然科学

764
村上陽一郎著
近代科学を超えて
クーンのパラダイム論をふまえた科学理論発展の構造を分析。科学の歴史的考察と構造論的考察から、科学史と科学哲学の交叉するところに、科学の進むべき新しい道をひらいた気鋭の著者の画期的科学論である。

844
森　毅著
数学の歴史
数学はどのように生まれどう発展してきたか。数学史を単なる記号や理論の羅列とみなさず、あくまで人間の文化的な営みの一分野と捉えてその歩みを辿る。知的な挑発に富んだ、歯切れのよい万人向けの数学史。

979
森　毅著（解説・野崎昭弘）
数学的思考
「数学のできる子は頭がいい」か、それとも「数学などやる人間は頭がおかしい」か。ギリシア以来の数学的思考の歴史を一望。現代数学・学校教育の歪みを一刀両断。数学迷信を覆し、真の数理的思考を提示。

996
森　毅著（解説・村上陽一郎）
魔術から数学へ
西洋に展開する近代数学の成立劇。小数はどのように生まれたか、対数は、微積分は？　宗教戦争と錬金術が猖獗を極める十七世紀ヨーロッパでガリレイ、デカルト、ニュートンが演ずる数学誕生の数奇な物語。

1332
池田清彦著
構造主義科学論の冒険
旧来の科学的真理を問い直す卓抜な現代科学論。科学理論を唯一の真理として、とめどなく巨大化し、環境破壊などの破滅的状況をもたらした現代科学。多元主義にもとづく科学の未来を説く構造主義科学論の全容。

1341
杉田玄白著／酒井シヅ現代語訳（解説・小川鼎三）
新装版　解体新書
日本で初めて翻訳された解剖図譜の現代語訳。オランダの解剖図譜『ターヘル・アナトミア』を玄白らが翻訳。日本における蘭学興隆のきっかけをなし、また近代医学の足掛かりとなった古典的名著。全図版を付す。

外国の歴史・地理

441
中国古代の文化
白川　静著

中国の古代文化の全体像を探る。斯界の碩学が中国の古代を、文化・民俗・社会・政治・思想の五部に分かち、日本の古代との比較文化論的な視野に立って、その諸問題を明らかにする画期的作業の第一部。

1127
ガリア戦記
カエサル著／國原吉之助訳

ローマ軍を率いるカエサルが、前五八年以降、七年にわたりガリア征服を試みた戦闘の記録。当時のガリアとゲルマニアの事情を知る上で必読の歴史的記録として有名。カエサルの手になるローマ軍のガリア遠征記。
電P

1129
十字軍騎士団
橋口倫介著

秘密結社的な神秘性を持ち二百年後に悲劇的結末を迎えたテンプル騎士団、強大な海軍力で現代まで存続した聖ヨハネ騎士団等、十字軍遠征の中核となった修道騎士団の興亡を十字軍研究の権威が綴る騎士団の歴史。

1234
内乱記
カエサル著／國原吉之助訳

英雄カエサルによるローマ統一の戦いの記録。前四九年、ルビコン川を渡ったカエサルは地中海を股にかけ政敵ポンペイユスと戦う。あらゆる困難を克服し勝利するまでを迫真の名文で綴る。ガリア戦記と並ぶ名著。

1273
秦漢帝国
西嶋定生著
中国古代帝国の興亡

中国史上初の統一国家、秦と漢の四百年史。始皇帝が初めて中国全土を統一した紀元前三世紀から後漢末までを兵馬俑の全貌も盛り込み詳述。皇帝制度と儒教を軸に劉邦、項羽など英雄と庶民の歴史を泰斗が説く。

1300
隋唐帝国
布目潮渢《ちょうふう》・栗原益男著

三百年も東アジアに君臨した隋唐の興亡史。律令制の確立で日本や朝鮮の古代国家に多大な影響を与えた隋唐帝国。則天武后の専制や玄宗と楊貴妃の悲恋など、波乱に満ちた世界帝国の実像を精緻に論述した力作。

1558
小此木啓吾著
現代の精神分析
フロイトからフロイト以後へ

精神分析百年の流れを、斯界第一人者が展望。二十世紀は精神分析の世紀でもある。始祖フロイトの着想から隣接諸科学を巻き込んだ巨大な人間学の大成へ。一世紀にわたる精神医学のスリリングな冒険を展望する。 電 P

1591
中沢新一著（解説・吉本隆明）
チベットのモーツァルト

密教の実践的研究が現出させた、チベット高原の仏教思想と現代思想のスリリングな出会い——。八〇年代以降の思想潮流を創り、今なお、思想の大海を軽やかに横断しつづける著者の代表作、待望の文庫化なる。 電

1613
森　三樹三郎著（解説・蜂屋邦夫）
老荘と仏教

中国は外来思想＝仏教をいかに吸収したのか。西域より移入以来二千年の歴史をもつ中国仏教。仏教根本義「空」の思想の、老荘の「無」を通した理解から禅仏教の確立まで、中印思想のダイナミックな交流を追究。

1616
金谷　治著
易の話
『易経』と中国人の思考

大文字版

占い書にして思想の書『易経』を易しく解説。儒教の重要な経典として「五経」の筆頭におかれた『易経』。二千余年来の具体的な占い方を解説しつつ「易」と歩んだ中国人の自然・人生・運命観を探る大文字本。

1627
九鬼周造著／藤田正勝全注釈
「いき」の構造

「粋」の本質を解明した名著をやさしく読む。いきとは何か？　ヨーロッパ現象学を下敷に歌舞伎、清元、浮世絵等芸術各ジャンルを渉猟、その独特の美意識を追究。近代日本の独創的哲学に懇切な注・解説を施す。

1657
今道友信著
アリストテレス

「万学の祖」の人間像と細緻な思想の精髄。人間界、自然界から神に至るまで、森羅万象の悉くを知の対象とした不朽の哲人アリストテレス。その人物と生涯、壮大な学問を、碩学が蘊蓄と情熱を傾けて活写する。

政治・経済・社会

1700
経済学の歴史
根井雅弘著

スミス以降、経済学を築いた人と思想の全貌。創始者のケネー、スミスからマルクスを経てケインズ、シュンペーター、ガルブレイスに至る十二人の経済学者の生涯と理論を解説。珠玉の思想と哲学を発掘する力作。

電 P

1930
比較制度分析序説
経済システムの進化と多元性
青木昌彦著

普遍的な経済システムはありえない。アメリカ型モデルはどう進化していくか。日本はどう「変革」すべきか。制度や企業組織の多元性から経済利益を生み出すための「多様性の経済学」を、第一人者が解説する。

電 P

1935
世界大恐慌
1929年に何がおこったか
秋元英一著（解説・林　敏彦）

一九二九年、ニューヨーク株式市場の大暴落から始まった世界的大恐慌。株価は七分の一に下落、銀行倒産六千件、失業者一千万人。難解な専門用語や数式を用いず、庶民の目に映った米国の経済破綻と混乱を再現。

電 P

1956
タテ社会の力学
中根千枝著

不朽の日本人論『タテ社会の人間関係』で「タテ社会」というモデルを提示した著者が、全人格的参加、無差別平等主義、儀礼的序列、とりまきの構造等の事例から日本社会のネットワークを描き出した社会学の名著。

電 P

1965
シチリア・マフィアの世界
藤澤房俊著（解説・武谷なおみ）

名誉、沈黙、民衆運動、ファシズム……。大土地所有制下、十八世紀に台頭した農村ブルジョア層は、暴力と脅迫でイタリア近・現代政治を支配した。過酷な風土と圧政が育んだ謎の組織の誕生と発展の歴史を辿る。

電 P

1997
戦争と資本主義
ヴェルナー・ゾンバルト著／金森誠也訳

軍需による財政拡大は資本形成を促し、武器の近代化は産業の成長をもたらす。戦争なくして資本主義はなかった——。近代軍隊の発生から十八世紀末にかけて、戦争が育んだ資本主義経済の実像を鋭く論究する。

電 P